Claire Loiseau

Stress environnemental et Interactions hôte-parasite

Claire Loiseau

Stress environnemental et Interactions hôte-parasite

Etudes chez le moineau domestique Passer domesticus

Presses Académiques Francophones

Mentions légales / Imprint (applicable pour l'Allemagne seulement / only for Germany)
Information bibliographique publiée par la Deutsche Nationalbibliothek: La Deutsche Nationalbibliothek inscrit cette publication à la Deutsche Nationalbibliografie; des données bibliographiques détaillées sont disponibles sur internet à l'adresse http://dnb.d-nb.de.

Toutes marques et noms de produits mentionnés dans ce livre demeurent sous la protection des marques, des marques déposées et des brevets, et sont des marques ou des marques déposées de leurs détenteurs respectifs. L'utilisation des marques, noms de produits, noms communs, noms commerciaux, descriptions de produits, etc, même sans qu'ils soient mentionnés de façon particulière dans ce livre ne signifie en aucune façon que ces noms peuvent être utilisés sans restriction à l'égard de la législation pour la protection des marques et des marques déposées et pourraient donc être utilisés par quiconque.

Photo de la couverture: www.ingimage.com

Editeur: Presses Académiques Francophones est une marque déposée de
Südwestdeutscher Verlag für Hochschulschriften GmbH & Co. KG
Heinrich-Böcking-Str. 6-8, 66121 Sarrebruck, Allemagne
Téléphone +49 681 37 20 271-1, Fax +49 681 37 20 271-0
Email: info@presses-academiques.com

Produit en Allemagne:
Schaltungsdienst Lange o.H.G., Berlin
Books on Demand GmbH, Norderstedt
Reha GmbH, Saarbrücken
Amazon Distribution GmbH, Leipzig
ISBN: 978-3-8381-7080-0

Imprint (only for USA, GB)
Bibliographic information published by the Deutsche Nationalbibliothek: The Deutsche Nationalbibliothek lists this publication in the Deutsche Nationalbibliografie; detailed bibliographic data are available in the Internet at http://dnb.d-nb.de.

Any brand names and product names mentioned in this book are subject to trademark, brand or patent protection and are trademarks or registered trademarks of their respective holders. The use of brand names, product names, common names, trade names, product descriptions etc. even without a particular marking in this works is in no way to be construed to mean that such names may be regarded as unrestricted in respect of trademark and brand protection legislation and could thus be used by anyone.

Cover image: www.ingimage.com

Publisher: Presses Académiques Francophones is an imprint of the publishing house
Südwestdeutscher Verlag für Hochschulschriften GmbH & Co. KG
Heinrich-Böcking-Str. 6-8, 66121 Saarbrücken, Germany
Phone +49 681 37 20 271-1, Fax +49 681 37 20 271-0
Email: info@presses-academiques.com

Printed in the U.S.A.
Printed in the U.K. by (see last page)
ISBN: 978-3-8381-7080-0

Table des matières

Introduction générale

Les études en écologie tiennent aujourd'hui de plus en plus à utiliser différentes disciplines en biologie. En effet, le besoin de comprendre les interactions entre espèces et leur environnement ne peut se faire en excluant la variabilité génétique inter-individuelle. L'interaction entre le génotype des individus et leur environnement amène à des adaptations évolutives complexes. Aussi, avec l'apparition des techniques moléculaires de plus en plus fines, l'appréciation de ces interactions en devient plus facile. Cependant, il est important de noter que l'approche évolutive au niveau comportemental et l'approche génétique sont complémentaires pour répondre aux questions écologiques. C'est pourquoi, les études pouvant lier les différentes disciplines que sont l'écologie comportementale, l'écophysiologie, les interactions hôte-parasites, la dynamique des populations et la génétique des populations, apportent des réponses plus fines que chacune d'elles étudiée indépendamment. Le projet de cette thèse rentre dans le cadre d'études interdisciplinaires jouant sur l'importance des collaborations mises en place.

La théorie de la sélection naturelle constituent la base conceptuelle des études en biologie évolutive. En effet, elle permet d'expliquer comment l'environnement influe sur l'évolution des populations en sélectionnant les individus les plus adaptés. Certains individus portent des caractères qui leur permettent de se reproduire davantage que les autres, dans un environnement précis, et disposent donc d'un avantage sélectif sur leurs congénères. La sélection naturelle désigne donc le mécanisme qui fait évoluer les espèces sous les pressions de sélection de l'environnement ou de la compétition intraspécifique pour les ressources, alimentaires ou autres, tel que le territoire. Les facteurs de l'environnement peuvent être d'ordre abiotique : le climat, le milieu occupé, ou d'ordre biotique : les prédateurs, les pathogènes, les compétiteurs. Ces facteurs sont autant de pressions de sélection qui s'exercent différemment d'une espèce à l'autre ou d'un milieu écologique à un autre, voire d'un individu à un autre. Dans ce contexte, la sélection naturelle va notamment favoriser les individus capables de faire face aux stress environnementaux et ceux capables de résister aux pathogènes. Dans cette thèse, nous avons abordé l'étude de ces pressions de sélection par différentes approches.

Dans une première partie, nous avons étudié de manière expérimentale l'impact des stress environnementaux sur le comportement et la physiologie des individus en population naturelle. Historiquement, le terme 'stress' provient du latin *'stringere'* qui signifie 'mettre en tension, presser'. Au 18ème siècle, la notion de stress va être définie comme une force, une pression, une contrainte ou une influence. Puis, Claude Bernard, physiologiste, établira en 1868, que les réactions dues au stress visent à maintenir l'équilibre d'un organisme, appelé homéostasie. Enfin, Hans Selye, endocrinologue, sera le premier à introduire en médecine le terme de 'stress', le définissant comme les réactions physiologiques et comportementales qui se manifestent lorsqu'un individu est soumis à un changement de situation.

L'augmentation rapide de la sécrétion de glucocorticoïdes, et notamment de la corticostérone, suite à un stress, va être le mécanisme affectant différentes fonctions de l'organisme pour maintenir cette homéostasie durant l'épisode de stress, déclenchant les réponses physiologiques et comportementales adaptatives. Pour comprendre ces mécanismes, nous avons choisi le cadre théorique de la communication entre parents et descendants, et plus particulièrement, nous nous sommes intéressés au comportement du signal de quémande, signal prenant part dans la résolution du conflit parents-descendants. La compréhension de l'impact d'un stress, en terme de balance coûts et bénéfices pour les jeunes, peut permettre d'appréhender les choix optimaux des parents dans le partage de leurs investissements entre descendants, qui permettra de maximiser leur valeur sélective.

Chez les oiseaux nidicoles, durant la courte période au nid, les poussins doivent faire face à de multiples stress environnementaux qui peuvent durer quelques heures (stress de température, diminution de l'apport en nourriture) ou durant la période entière dans le nid (compétition entre frères et sœurs, parasites). Les conditions de développement et de croissance semblent avoir un fort impact dans l'établissement de comportements adaptatifs et sur l'état physiologique à l'état adulte. Nous avons donc testé comment les conditions environnementales durant la croissance pouvaient influencer la capacité des jeunes à faire face à un stress après leur indépendance et durant leur première année de reproduction.

Dans une seconde partie, nous avons abordé une autre source de pression de sélection pouvant s'exercer sur un organisme, celle des pathogènes. En effet, les parasites utilisent les ressources et l'énergie de leur hôte, diminuant ainsi sa valeur sélective. Cette forte pression de sélection favorise alors la mise en place de mécanismes de défense de la part des hôtes. Si une population d'hôtes est exposée à des parasites ayant un impact sur les traits d'histoire de vies, la sélection devrait favoriser les génotypes apportant une résistance au parasite.

La mise en place d'un réseau de suivi de populations naturelles de moineau domestique, *Passer domesticus*, nous a permis d'aborder ce processus sélectif à grande échelle, sur un certain nombre de populations situées à des distances géographiques variables. Une première approche parasitologique a porté sur l'estimation des prévalences parasitaires pour deux espèces de parasites sanguins (malaria aviaire). Une deuxième approche, basée sur la génétique des populations, a visé à évaluer la diversité génétique de marqueurs neutres (microsatellites) et de marqueurs sélectionnés (gènes du complexe majeur d'histocompatibilité CMH) au niveau intra et inter-populationnel. Dans un premier temps, la comparaison des profils de différenciation génétique des populations au niveau des gènes du CMH de classe I, à ceux des marqueurs neutres, peut permettre de connaître la part relative de la sélection, par rapport aux processus stochastiques et/ou démographiques (migration, dérive et mutation). Ensuite, nous avons abordé le mécanisme d'adaptation locale des parasites en testant l'existence d'associations entre allèles du CMH et la résistance ou susceptibilité aux parasites. Par ailleurs, les pressions de sélection environnementale agissant aussi bien sur les hôtes que sur les pathogènes, nous avons testé si l'habitat pouvait être source de variation dans la prévalence parasitaire et dans la capacité des individus à résister aux parasites.

Enfin, dans une troisième partie, nous avons abordé l'aspect de la dynamique des populations. En effet, les pressions de sélection, détaillées dans les premières parties, stress environnemental, pathogènes et habitat, sont des facteurs pouvant expliquer les tendances démographiques des populations.

A l'origine, ce projet de thèse a été initié suite au constat alarmant du déclin du moineau domestique en Grande Bretagne et aux signes avant-coureurs de ce déclin en France avec une diminution de 16% entre 1989 et 2001 (données du Suivi Temporel des Oiseaux Communs, STOC). La mise en place du suivi national en France a permis de collecter un nombre considérable de données de « capture-marquage-recapture » (CMR). Le réseau de populations suivies dans des environnements divers, avec un gradient urbain – rural, a eu pour objectif majeur d'analyser comment certains paramètres démographiques (survie juvénile et adulte) variaient entre populations et selon les pressions environnementales auxquelles elles sont soumises.

Nous pouvons alors résumer les différentes approches exploitées avec ce schéma simplifié qui prend en compte les effets environnementaux et les caractéristiques individuelles et populationnelles (Figure 1). Il ne s'agit pas de répertorier toutes les relations que l'on peut définir entre l'environnement et un individu ou une population d'individus, mais de montrer comment se sont articulés les différents axes de recherche de cette thèse. Ainsi, chacune des parties peut être résumée par une question majeure.

1. Comment le stress environnemental agit-il, en tant que force sélective, sur les réponses physiologiques et comportementales, à court et à long terme ?

2. L'adaptation locale des parasites à leur hôte est-elle un mécanisme et une pression sélective pouvant expliquer le maintien de la diversité génétique de l'hôte ?

3. Quelles pressions de sélection peuvent influencer les paramètres démographiques et la dynamique des populations ?

Chacune des parties reprendra le cadre théorique et le contexte des différentes études. Seront ensuite donnés un bref rappel des résultats des différents manuscrits et une conclusion sur les principales connaissances acquises, ainsi que des perspectives et thèmes de recherche à développer.

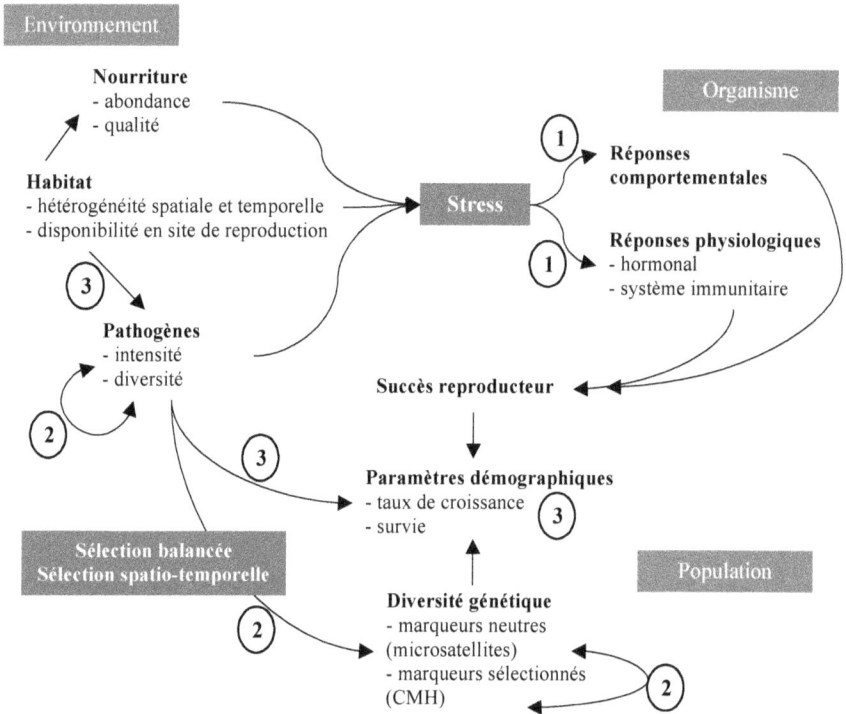

Figure 1.

Relations pouvant intervenir entre l'environnement et un individu, avec des conséquences au niveau populationnel. Les différentes pressions de sélection de l'environnement entraînent des stress, sur une durée pouvant être plus ou moins longue, et déclenchent des réponses adaptatives comportementales et physiologiques. Les compromis effectués lors de la réponse au stress vont influer sur le succès reproducteur et sur les paramètres démographiques d'une population.

1. Relations étudiées dans la première partie A: Impacts et conséquences du stress environnemental, approche expérimentale en population naturelle.

2. Relations étudiées dans la seconde partie B: Adaptation locale dans un système hôte-parasite, approche corrélative en populations naturelles.

3. Relations étudiées dans la troisième partie C: Dynamique des populations : tendances des effectifs et effets environnementaux.

A. Impacts et conséquences du stress environnemental, approche expérimentale en population naturelle

I. Cadre théorique

L'exposition aux perturbations environnementales constitue une force sélective majeure en population naturelle. Des stratégies comportementales et physiologiques ont évolué en réponse aux effets délétères du stress environnemental. L'activation de l'axe adréno-hypothalamo-hypophysaire, entraînant une augmentation rapide de la sécrétion de glucocorticoïdes, et notamment de la corticostérone (Sapolsky *et al.*, 2000), coordonne l'ensemble des activités physiologiques et comportementales, permettant de les ajuster en réponse au risque encouru. Cette augmentation des glucocorticoïdes va donc affecter différentes fonctions de l'organisme pour maintenir l'homéostasie durant l'épisode de stress déclenchant les réponses physiologiques et comportementales nécessaires à la maximisation des chances de survie. Cependant, il faut noter que les réponses au stress peuvent être très variables selon le type de stress et selon la période de la vie d'un individu. Pour cette raison, beaucoup d'attention a été portée au rôle joué par la corticostérone sur l'expression des comportements et des traits d'histoire de vie (Wingfield *et al.*, 1998). Cet intérêt provient probablement du fait que les hormones peuvent avoir de multiples effets sur l'organisme et que le rôle de la corticostérone pourrait expliquer les différents compromis adaptatifs entre les traits d'histoire de vie (par exemple : reproduction et survie). Ainsi, les contraintes hormonales pourraient expliquer le maintien des variations phénotypiques de certains traits et l'honnêteté des signaux.

a. Coûts et bénéfices de la réponse au stress

Un événement stressant, imprévisible et de courte durée, comme l'attaque d'un prédateur, va entraîner dans un premier temps la sécrétion de catécholamines (adrénaline, noradrénaline et dopamine), qui va permettre une réaction comportementale adaptative directe souvent nommée 'fight or flight'. Elle sera suivie d'une augmentation du niveau de glucocorticoïdes, qui, selon le niveau de production, aura différentes conséquences. Un stress ponctuel entraînant une augmentation brève mais importante du niveau de corticostérone mobilisera avant tout les réserves énergétiques (glucose). Au contraire, des conditions environnementales difficiles, comme une déplétion des ressources, entraîneront des réponses au stress chronique sur le long terme. Dans ce cas là, la réponse au stress présentera d'importantes variations aussi bien comportementales que physiologiques (Wingfield *et al.*, 1997). Par exemple, il a été démontré que des périodes de restriction alimentaire augmentent la production de corticostérone, qui va induire en retour une stimulation de l'augmentation de la recherche alimentaire et de l'activité locomotrice (Breuner & Hahn, 2003 ; Lynn *et al.*, 2003 ; Breuner *et al.*, 1998; Angelier *et al.*, 2007), une modification de la prise alimentaire (Koch *et al.*, 2002 ; Astheimer *et al.*, 1992; Wingfield & Silverin, 1986) et une augmentation du taux de glucose dans le plasma (Norris, 1997; Remage-Healey & Romero, 2001). Toutes ces réponses liées à l'augmentation de corticostérone vont donc permettre de faire face aux périodes de restriction alimentaire et entraîner des réponses adaptatives avec des bénéfices pour l'individu.

Toutefois, la sécrétion de corticostérone entraîne inévitablement des coûts. En effet, en cas de stress chronique, la sécrétion de corticostérone perdure dans le temps et prolonge la mobilisation des réserves énergétiques. Elle peut aussi altérer certaines fonctions cognitives comme l'apprentissage, la mémoire

(De Kloet, 1999 ; Sapolsky *et al.*, 2000) ou encore le développement et le fonctionnement du cerveau (Kitaysky *et al.*, 2003).

De plus, la réponse au stress peut affecter le fonctionnement de certains mécanismes immunologiques selon les niveaux de production hormonal (Apanius, 1998). Une légère élévation du taux de corticostérone peut avoir un effet stimulant à la fois sur la réponse à médiation cellulaire et sur la réponse humorale. A l'inverse, si le taux de corticostérone reste élevé à court terme ou devient chronique, cela peut entraîner une immunosuppression. Enfin, un stress sur du long terme peut avoir des effets plus importants, entraînant une réduction de la masse des organes lymphoïdes primaires et secondaires, due à un épuisement des cellules lymphoïdes, ainsi que des dégénérescences nerveuses (Apanius, 1998). La variabilité des réponses serait dus en partie à l'action différente des divers types de récepteurs de la corticostérone (Breuner & Orchinik, 2001) mais il est toutefois difficile de généraliser les degrés de stress pouvant induire une immunosuppression du fait des différences physiologiques individuelles et interspécifiques.

D'un point de vue évolutif, l'immunosuppression consécutive au stress possède un rôle adaptatif. Deux hypothèses distinctes mais non exclusives ont été avancées. Une première explication se base sur le principe de l'allocation des ressources (Levins, 1968). Si les ressources d'un organisme sont limitées, l'allocation dans une fonction ne peut se faire qu'au détriment de certaines autres fonctions (Zera & Harshman, 2001). En effet, durant des événements stressants, l'investissement dans des comportements coûteux ou le maintien de signaux réduirait les ressources disponibles, énergie et nutriments, pour le système immunitaire (Raberg *et al.*, 1998). Une autre hypothèse avancée serait que des stress environnementaux pourraient générer des hyperactivations du système immunitaire et que les glucocorticoïdes permettraient alors de supprimer d'éventuelles réactions auto-immunes (Raberg *et al.*, 1998).

11

b. *Effets du stress sur les antioxydants et leurs rôles*

La sécrétion de corticostérone a également des implications dans les fonctions anti-oxydantes (Sapolsky *et al.*, 2000; Barriga *et al.*, 2002; Lin *et al.*, 2007; Roberts *et al.*, 2007). Des études expérimentales d'administration de corticostérone chez le poulet ont montré les effets à court et long terme sur la modulation de la péroxydation des lipides et l'augmentation du taux d'antioxydants non-enzymatiques pour prévenir des dommages dus au stress oxydatif (Lin *et al.*, 2004a ; Lin *et al.*, 2004b). Parmi ces antioxydants, il existe plusieurs molécules d'intérêt, telles que les vitamines E et C, le glutathion, l'acide urique, les flavonoïdes et les caroténoïdes. Aussi, les écologistes se sont particulièrement intéressés au cours de cette dernière décennie aux caroténoïdes car ils jouent aussi bien un rôle majeur dans l'immunorégulation et l'immunostimulation (Chew & Park, 2004) que dans l'expression de signaux colorés, que ce soit de la peau, des téguments ou des plumes (Goodwin, 1986). Par exemple, chez les oiseaux, la coloration du bec, due à la présence de caroténoïdes, peut varier du jaune au rouge (Ficken, 1965) et plus particulièrement chez les poussins, deux fonctions non exclusives ont été suggérées pour expliquer la coloration des commissures. Premièrement, le contraste entre la coloration du bec et le nid permettrait d'augmenter la détectabilité du poussin vis à vis des parents, et ceci serait d'autant plus vrai pour les nids sombres en cavité (Hunt *et al.*, 2003 ; Heeb *et al.*, 2003 ; Kilner & Davies, 1998). Par ailleurs, la présence de caroténoïdes dans le bec, jouant un rôle dans les fonctions immunitaires et protégeant les cellules du stress oxydatif (Chew & Park, 2004), pourrait refléter l'état de santé des individus (Saino *et al.*, 2000).

Ainsi, en recoupant les résultats des différentes études présentées ci-dessus, la corticostérone, via des mécanismes et cascades physiologiques, pourrait avoir un impact sur l'allocation des caroténoïdes entre système immunitaire et signal coloré.

II.   **Questions et prédictions**

Dans un premier temps, nous nous sommes intéressés au maintien de l'honnêteté des signaux dans le cadre du conflit parent-descendant en nous focalisant sur le signal de quémande. Les poussins sont entièrement dépendants de leurs parents, de l'éclosion à l'envol. Aussi, la quémande a pour rôle d'indiquer de manière honnête les besoins en nourriture d'un poussin (Price *et al.*, 1996 ; Kilner & Johnstone, 1997). Ce comportement constitue ainsi un indicateur fiable de son état physiologique pour les parents, qui doivent optimiser leurs investissements pour maximiser leur succès reproducteur. Cependant, la manipulation par leur propre progéniture pourrait contraindre leurs décisions (Godfray, 1995). En effet, il existe un conflit intra-nichée entre les poussins et les parents (Macnair & Parker, 1979) où ces derniers devraient diviser leur investissement entre les poussins alors que les jeunes cherchent à obtenir un investissement des parents plus important que ce qu'ils peuvent idéalement fournir. Par ailleurs, il existe un conflit inter-nichées. Les poussins ont un intérêt à ce que les parents s'investissent de façon intense dans la reproduction en cours, alors que ceux-ci doivent optimiser cette reproduction de façon à assurer les suivantes (Trivers, 1974).

Nous avons testé de manière expérimentale lors de deux études, si une augmentation rapide et répétée dans le temps du niveau de corticostérone chez les poussins, mimant ainsi une période de restriction alimentaire, pouvait être un des mécanismes entraînant une variation du comportement de quémande composé de multiples signaux (signaux comportementaux et colorés ; Loiseau *et al.*, 2008a, Loiseau *et al.*, 2008b). Nous avons choisi de tester cette hypothèse dans une population naturelle de moineaux domestiques (Encadré 1) et de nous poser les questions suivantes : les parents sont-ils capables d'ajuster en conséquence le partage des ressources entre les poussins ? L'augmentation du niveau de corticostérone entraîne-elle des coûts sur la croissance et la capacité à monter une réponse immunitaire chez les poussins ?

Nos prédictions sont que si le signal de quémande est un signal honnête, c'est à dire reflétant le besoin des individus, les poussins traités à la corticostérone devraient quémander plus que les poussins contrôles. Les parents devraient alors ajuster leur apport en nourriture en accord avec ce signal. De plus, les poussins traités à la corticostérone devraient présenter un taux de croissance et une réponse immunitaire plus faibles que les poussins témoins, ces mécanismes physiologiques étant associés aux coûts de l'augmentation de la corticostérone circulante.

Encadré 1 – Modèle biologique, le moineau domestique *Passer domesticus*

Le moineau domestique (Passeridae, *Passer domesticus*) est un passereau sédentaire, un des plus familiers que l'on connaisse, car il est étroitement lié aux habitats humains, vivant dans toutes sortes de zones modifiées par l'Homme, telles que les fermes, les zones résidentielles et urbaines. Il évite les forêts, les déserts et les zones herbeuses. Le moineau domestique est mondialement présent. Natif d'Eurasie et d'Afrique du Nord, il a été introduit en Afrique du sud, en Amérique du Nord et du Sud, en Australie et en Nouvelle-Zélande au cours des siècles derniers. Cet oiseau a été considéré longtemps comme un nuisible en Europe jusqu'en avril 1981 où il accède au statut d'espèce protégée, de part l'article 1 de l'Arrêté Ministériel fixant la liste des oiseaux protégés sur l'ensemble du territoire.

Le moineau domestique effectue de une à trois pontes au printemps avec une taille de nichée pouvant varier de 1 à 6 poussins. Ce passereau montre en moyenne un taux de mortalité annuelle la première année de 80% et les années suivantes de 43% et peut vivre en moyenne 4 ans (Summer-Smith, 1988). Se nourrissant principalement sur le sol, mais aussi dans les arbres et buissons, il est essentiellement granivore, mais les jeunes au nid sont presque nourris exclusivement d'insectes. Le moineau domestique est très grégaire tout au long de l'année, formant de grands groupes en automne et en hiver se rassemblant la nuit dans d'imposants dortoirs.

Mâle (à gauche) et femelle (à droite) de moineau domestique.

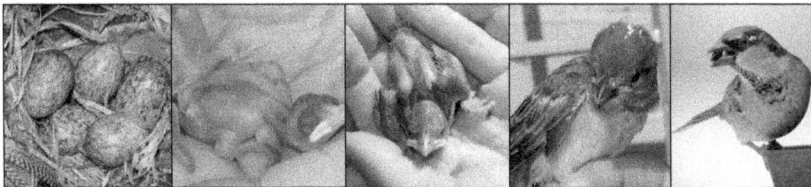

Œufs, poussin à 3 jours, poussin à 7 jours, poussin à l'envol à 13 jours, mâle adulte.

Dans un deuxième temps, il est important de noter que la réponse au stress présente une variabilité importante entre individus. Plusieurs mécanismes peuvent expliquer cette variabilité inter-individuelle dans la capacité à répondre aux perturbations environnementales, incluant les facteurs génétiques (Benus *et al.*, 1991 ; Castanon & Mormede, 1994), la condition physiologique des individus au moment du stress, ainsi que les conditions de croissance et de développement (Anisman *et al.*, 1998 ; Meaney *et al.*, 1991; Meerlo *et al.*, 1999).

Différentes études ont montré que des lignées de rats ou d'oiseaux, sélectionnées génétiquement pour un caractère d'agressivité ou d'exploration, montraient distinctement différents moyens de faire face à un stress ponctuel. Ainsi, cette régulation différente de l'axe adréno-hypothalamo-hypophysaire, fournit des preuves pour une forte composante génétique de la fonction adrénocorticale. Les différences inter-individuelles, en terme de personnalité des individus, ont permis de mettre en évidence que des individus considérés comme 'téméraires ou agressifs' présentaient une plus faible élévation de glucocorticoïdes en réponse à un stress. A l'inverse, les individus dits 'timides ou coopératifs' étaient caractérisés par de fortes sécrétions en glucocorticoïdes lors d'évènements stressants (Cavigelli & McClintock, 2003 ; Evans *et al.*, 2006 ; Veenema *et al.*, 2003 ; Koolhaas *et al.*, 1999). Cependant, d'importantes modulations de la réponse au stress peuvent également être observées lors de la saison de reproduction par exemple, au cours de laquelle l'individu est soumis à de nombreux stress environnementaux. Aussi, Lendvai *et al.* (2007) ont mis en évidence une variabilité dans la réponse au stress selon l'investissement produit (taille de nichée, soin parentaux) ou selon le moment de la reproduction dans la saison.

Enfin, les conditions de développement et de croissance semblent aussi avoir un rôle important dans l'établissement de comportements adaptatifs et de la réponse hormonale au stress. Plusieurs études chez les rats ont montré que la séparation de la mère sur des périodes prolongées durant le développement des jeunes entraînait une augmentation de la réponse au stress (Plotsky & Meaney, 1993). De plus, chez une espèce d'oiseau longévive, l'amplitude de la réponse à un protocole de stress durant le développement au nid serait liée négativement à la survie et au recrutement, et pourrait alors prédire la valeur sélective des individus (Blas *et al.*, 2007).

Ainsi, nous nous sommes intéressés aux effets à long terme des conditions de développement durant la période de croissance au nid sur la capacité des individus à répondre au stress, après l'envol et durant la première année de reproduction.

La courte période de croissance chez les oiseaux nidicoles est cruciale, dans le sens où elle peut affecter les trajectoires d'histoire de vie (Lindström, 1999; Verhulst *et al.*, 2006; Alonzo-alvarez *et al.*, 2006). Les poussins doivent faire face à des stress environnementaux multiples durant cette période, stress à court terme (stress de température, diminution de l'apport en nourriture) où sur du long terme (compétition entre frères et sœurs, parasites).

Nous avons alors mimé des différences de stress environnemental en choisissant d'augmenter ou de diminuer la taille de nichée (Lendvai *et al.*, 2009). En effet, être élevé dans un environnement où la compétition est amoindrie ou dans un environnement où la compétition pour la nourriture est forte aura des conséquences différentes en terme de stress. Pour tester la capacité des individus à répondre à un stress selon leurs conditions de croissance et de développement, nous les avons capturés et soumis à un protocole de stress (Wingfield, 1994) afin de mesurer le taux basal de corticostérone et son augmentation suite à la réponse au stress (i) peu de temps après l'envol et (ii) l'année suivante, durant leur premier évènement de reproduction.

Nous prédisons que la réponse au stress après l'envol devrait refléter les conditions de développement au nid, avec une augmentation de la corticostérone circulante plus importante chez les poussins provenant de nichée agrandies. De

17

plus, au cours de leur premier évènement de reproduction, les adultes devraient avoir une amplitude dans leur réponse au stress dépendant à la fois de leur condition de développement au nid et aussi de leur état physiologique actuel.

Nous pouvons résumer cette première partie par le schéma suivant (Figure 2).

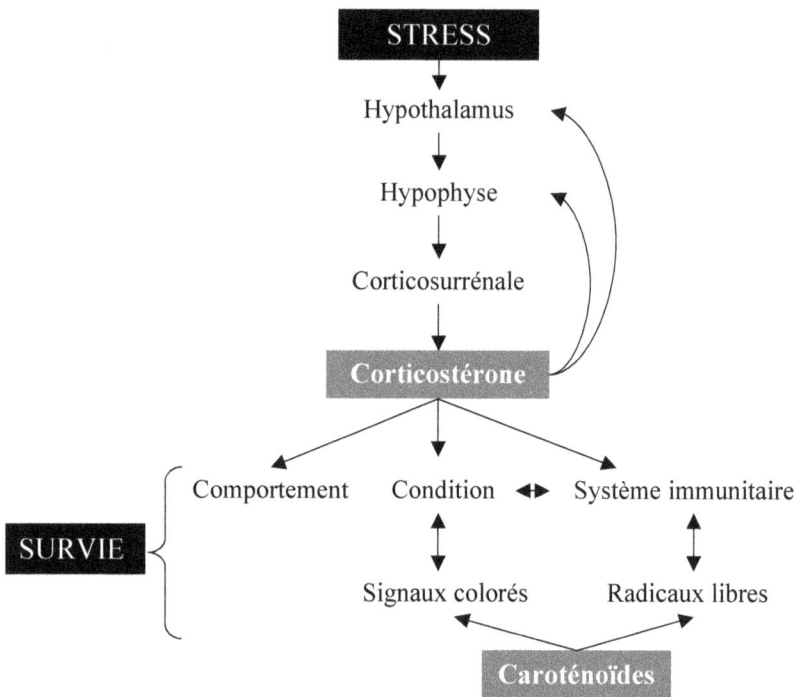

Figure 2.

Diagramme illustrant les liens entre un évènement de stress, la production de corticostérone et ses différents effets pouvant influer sur la probabilité de survie.

III.   <u>Résultats et discussion</u>

Comme prédit, l'administration de corticostérone a eu des effets sur le comportement de quémande (Loiseau *et al.*, 2008a). Les poussins traités à la corticostérone présentaient un taux de quémande supérieur à celui des témoins. Cependant, contrairement à nos prédictions, ces poussins étaient significativement moins nourris que les poussins contrôles, ceci en corrigeant par l'effort de quémande. C'est pourquoi, pour comprendre ce résultat étonnant, nous avons testé l'effet de la corticostérone sur un autre signal de la quémande, la couleur des commissures. Ainsi, nous avons mis en évidence que les poussins traités à la corticostérone possédaient des commissures plus pâles que les témoins, dépendant de leur masse corporelle (Loiseau *et al.*, 2008b). Les parents semblaient alors ajuster leurs ressources en nourriture, en réponse au traitement, puisque pour une couleur pâle des commissures les poussins traités à la corticostérone étaient significativement moins nourris que les contrôles. Au contraire, ils étaient plus nourris que les témoins pour une même couleur vive.

Ces résultats suggèrent que la corticostérone peut affecter, de manière condition-dépendante, le comportement et les signaux colorés utilisés dans la communication parents-descendants. Par ailleurs, la corticostérone a entraîné à la fois une diminution de la croissance et une plus faible capacité de réponse immunitaire chez les poussins traités. L'augmentation de la corticostérone circulante semble être alors un bon candidat pour assurer le maintien de l'honnêteté de la quémande comme un signal de condition et de besoin. Parfois de manière simplifiée, beaucoup d'études ont tenté de comprendre les mécanismes liés à la variabilité d'une composante du signal de quémande. Bien évidemment, nous n'avons pas la prétention d'avoir mieux exploré la question puisque, à notre tour, nous n'avons pu étudier tous les comportements. Cependant, en s'appuyant sur l'hypothèse des signaux multiples (Johnstone, 1995; Johnstone, 1996), nous avons mis en évidence que les parents pouvaient utiliser des informations complexes et prendre en compte plusieurs signaux condition-dépendants, pour obtenir une meilleure estimation de la condition des poussins et optimiser ainsi le partage des ressources entre leurs descendants. Nous pourrons compléter ces expérimentations en cherchant à comprendre la variabilité d'une des dernières composantes du signal de quémande que sont les vocalisations, maintenant bien décrites dans le contexte du conflit parents-descendants. Il serait évidemment nécessaire d'expliquer aussi par quel mécanisme la corticostérone affecte la concentration de caroténoïdes dans le sang et les tissus. Pour cela, une répétition de la manipulation du niveau de corticostérone serait nécessaire, couplée dans un même nichoir, à un traitement de supplémentation en caroténoïdes, avec des mesures d'antioxydants. Un autre modèle biologique possédant un nombre de descendants par évènements de reproduction plus important, telle que la mésange bleue (*Cyanistes caeruleus*), serait nécessaire pour effectuer cette expérimentation afin que la taille de nichée soit suffisante pour ce protocole.

Dans notre troisième étude, comme prédit, les poussins provenant de nichées agrandies présentaient une plus forte augmentation de la corticostérone circulante que les poussins provenant des nichées diminuées, mais seulement dans les premiers mois suivant l'envol (Lendvai *et al.*, 2009). L'augmentation de la corticostérone a été trouvée en interaction avec l'âge, indiquant que les effets de la taille de nichées et les conditions de développement seraient de plus en plus faibles au fur et à mesure que les poussins vieillissent et s'éloignent de leur période au nid.

Les individus, qui ont subi des conditions difficiles (compétition forte pour la nourriture, qualité et/ou quantité énergétique faible), pendant cette période courte de 12 à 14 jours au nid, vont alors être en moins bonne condition corporelle et physiologiques et seront plus sensibles aux changements et stress environnementaux après leur envol. La croissance dans des milieux difficiles pourrait entraîner une réponse au stress forte, mais adaptative, dans le sens où les individus seraient capables de faire face à des environnements stochastiques selon l'hypothèse du 'bet-hedging' (Boyce, 1988). Cependant, si les conditions deviennent favorables, le bénéfice à répondre fortement à un stress est moindre car la sécrétion de corticostérone peut entraîner des coûts importants ; ces individus seraient alors contre-sélectionnés. Par ailleurs, contrairement à nos prédictions, aucun effet des conditions environnementales au nid sur la capacité à répondre à un stress n'a été détectée chez les adultes. Ce résultat suggère que la réponse au stress serait plutot liée à la condition physiologique actuelle des individus.

IV. **Perspectives**

Les différentes sources de pressions de sélection environnementales entraînent une variabilité dans les conditions de croissance et l'accès à la nourriture, selon le type d'habitat, et en conséquence, jouent un rôle majeur sur les paramètres démographiques. Pour tester l'hypothèse selon laquelle le type d'habitat peut entraîner des variations dans la capacité des individus à répondre aux changements environnementaux, nous pourrions dans un premier temps, mettre en place des protocoles de stress dans des milieux contrastés à la fois chez les juvéniles et les adultes. Ceci nous permettrait de comprendre la part relative de l'environnement par rapport à la composante génétique de la réponse au stress.

De plus, les pathogènes peuvent jouer un rôle important dans la capacité des individus à répondre aux changements de conditions environnementales. Au cours de la période de reproduction, les individus doivent allouer leurs ressources à différents comportements et réponses physiologiques, tels que la défense de territoire, la reproduction, le soin aux jeunes, la recherche alimentaire et la défense immunitaire. Aussi, la pression parasitaire qui diffère potentiellement en termes d'intensité et de diversité selon les habitats peut entraîner une différence d'allocation des ressources selon la condition des individus. Nous avons pour l'instant des premiers résultats sur la réponse au stress d'adultes reproducteurs, en milieu rural, infectés ou non par la malaria aviaire. L'échantillonnage reste trop faible pour les évaluer correctement mais il existe une tendance qui explique que suite à un protocole de stress, des individus qui sont infectés par des parasites sanguins vont diminuer leur apport en nourriture aux jeunes, comparés aux individus non parasités. Ce résultat paraît intuitif dans le sens où les adultes font le choix d'investir dans leur survie et le maintien de leur organisme plutôt que dans leur reproduction en cours. Est-ce que cette réponse peut varier selon la qualité de l'habitat et les pressions de sélection qui y sont associées ? Une expérimentation où nous pourrions induire une réponse au stress à différents moments de la saison de reproduction, par exemple avant le début de la ponte et pendant le nourrissage des jeunes nous permettrait d'évaluer l'impact des stress environnementaux selon que les individus sont infectés ou non par leurs parasites naturels. Il s'agira de tester s'il existe une interaction entre statut parasitaire et investissement dans la reproduction selon le type d'habitat. Ces expérimentations auraient pour but d'améliorer notre compréhension des mécanismes et compromis faisant suite à des évènements stressants, et pourraient expliquer les potentielles variances des variables démographiques. En effet, les interactions entre hôte et parasite modulent de manière importante la dynamique des populations. C'est pourquoi dans la deuxième partie, nous nous intéresserons à ces interactions dans un grand nombre de populations naturelles.

**B. Adaptation locale dans un système hôte-parasite,
approche corrélative en populations naturelles**

I. Cadre théorique

Il est conventionnellement reconnu que les parasites possédant un potentiel évolutif élevé, dû à un temps de génération plus court que leurs hôtes, devraient s'adapter plus rapidement à leurs hôtes locaux que ceux-ci ne peuvent y répondre. Ce processus mène à une adaptation locale, où la population de parasites montre une performance moyenne supérieure dans les populations sympatriques d'hôtes plutôt que dans les populations allopatriques (Greischar & Koskella, 2007; Gandon & Van Zandt, 1998). Les parasites s'adaptent donc aux hôtes locaux à l'échelle de l'individu, d'une population ou d'une région, dépendant des propriétés et dynamiques d'un système donné. En effet, la théorie de la co-évolution hôte-parasite (Anderson & May, 1982) prédit que le taux de migration des parasites, le temps de génération et la virulence contribuent aux patterns d'adaptation locale. Dans cette course aux armements, les parasites peuvent augmenter leur valeur sélective en se spécialisant sur le génotype le plus commun chez l'hôte dans la population locale. Cependant, l'adaptation du parasite au génotype le plus commun va créer l'avantage du génotype rare chez les hôtes. Les modèles de génétique des populations montrent alors que ce type de sélection fréquence-dépendante va générer des cycles décalés entre la fréquence du génotype de l'hôte et la fréquence du génotype du parasite. Ainsi, pour tester le processus d'adaptation locale entre hôte et parasite en milieu naturel, il est nécessaire de l'étudier sur des échelles géographiques différentes. Les patterns changeant à travers le temps et l'espace, l'unité d'observation la plus judicieuse à étudier semble être la population, pour laquelle le processus d'adaptation locale y sera détecté en moyenne.

a) Choix du système hôte-parasite

Ce processus d'adaptation locale a été étudié chez le système hôte-parasite « moineau domestique – parasites de la malaria aviaire ». Treize populations ont été échantillonnées pour étudier ce processus et nous nous sommes particulièrement focalisés sur un des complexes de gènes les plus polymorphes présent chez les vertébrés, impliqués dans le système immunitaire, le complexe majeur d'histocompatibilité (CMH). En 1958, Jean Dausset décrit pour la première fois le complexe majeur d'histocompatibilité chez l'Homme et obtiendra par la suite le prix Nobel pour ses travaux sur les structures de surface cellulaire. En effet, le CMH code des glycoprotéines de surface cellulaire qui lient les antigènes, dérivés des pathogènes et parasites, pour les présenter aux récepteurs des lymphocytes T qui initient la réponse immunitaire (Figure 3). La variabilité des molécules de CMH est corrélée à la diversité des récepteurs de lymphocytes T, qui en retour, détermine la résistance aux maladies et parasites d'un organisme (Klein, 1986).

Ce complexe de gènes comprend deux classes différentes. Les gènes du CMH classe I exprimés dans toutes les cellules de l'organisme codent des molécules CMH spécialisées dans la présentation de peptides provenant de la dégradation de pathogènes intracellulaires. Le mécanisme de reconnaissance implique les lymphocytes T CD8+. Les gènes du CMH classe II ne sont exprimés que dans des cellules spécifiques, les molécules exposent des peptides provenant de la dégradation de pathogènes extra-cellulaires et activent les lymphocytes T CD4+. Etudiant les parasites de la malaria aviaire, qui sont des parasites intracellulaires des globules rouges (Encadré 2), nous nous sommes intéressés aux gènes CMH de classe I (voir méthodes utilisées en Encadrés 3 et 4).

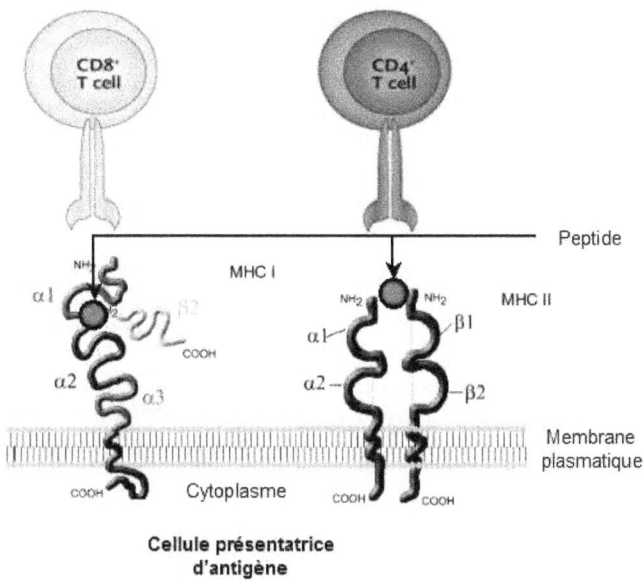

Figure 3.

Molécules CMH de classe I et II, à la surface cellulaire, présentant des peptides antigéniques.

Encadré 2 – Les parasites sanguins

<u>Les parasites sanguins</u>

Ces parasites sont des protozoaires qui possèdent le même cycle de reproduction que les parasites de la malaria chez l'Homme. Chez les passereaux européens, on dénombre quatre genres de parasites sanguins : *Plasmodium*, *Haemoproteus*, *Leucocytozoon* et *Trypanosoma,*. Dans nos études, nous nous sommes particulièrement intéressés aux genres *Plasmodium* et *Haemoproteus*. *Plasmodium* sp. possède comme vecteurs les moustiques du genre *Culex*, *Aedes* et *Culiseta*, où se situe la phase sexuée du parasite et avec comme hôte, les oiseaux où se situe la phase asexuée du développement. *Haemoproteus* sp. possède d'autres vecteurs, tels que les moucherons piqueurs (Ceratopogonidae) et les mouches plates (Hippoboscidae) (Valkiunas, 2005). Ces parasites peuvent être observés dans le sang durant la période suivant l'infection (vanRiper *et al.*, 1994). Après cette période, les parasites peuvent être éliminés de l'hôte ou peuvent rentrer dans une période de latence. Ils quittent alors la circulation sanguine et restent dans les tissus de l'hôte, pour une période indéfinie, et potentiellement à vie (Jarvi *et al.*, 2002 2003). Cependant, il a été montré que des parasites en phase de dormance peuvent ressurgir lors de stress, comme cela peut être le cas lors de la saison de reproduction (Beaudoin *et al.*, 1971).

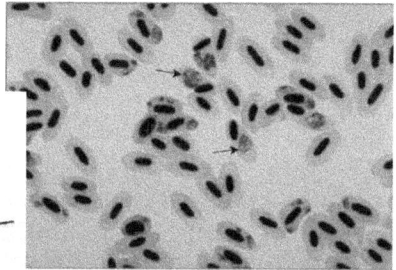

Moustique du genre *Culex* et visualisation par microscopie de *Plasmodium spp.*

b) Comment la sélection peut-elle maintenir la diversité allélique du CMH ?

Plusieurs mécanismes responsables du maintien du polymorphisme des gènes du CMH ont été avancés, tels que les interactions mère-fœtus, le choix du partenaire et la résistance aux parasites (Figure 4).

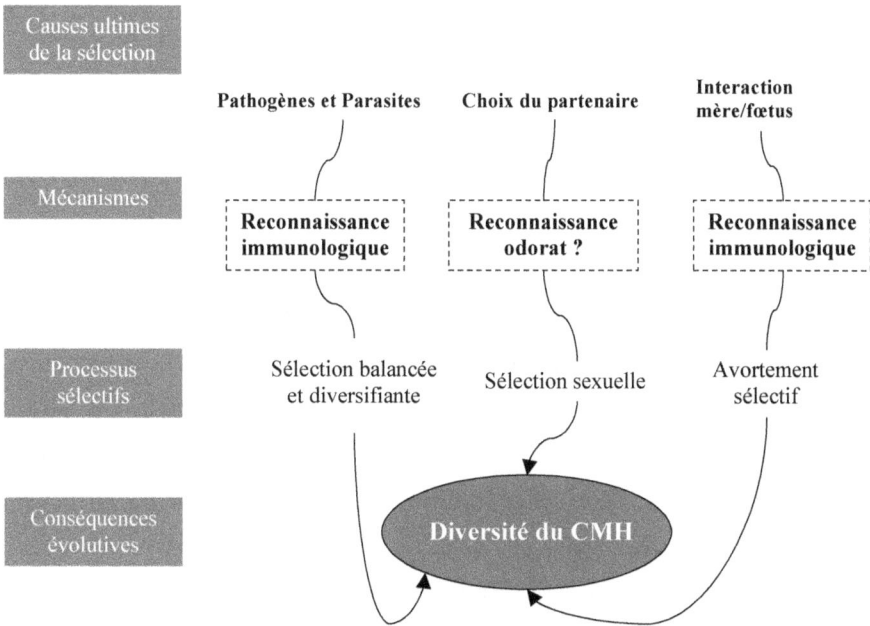

Figure 4.

Nature de la sélection sur les gènes du CMH (Apanius, 1997).

Au cours de cette thèse, nous nous sommes intéressés uniquement au phénomène de résistance aux parasites. Trois types de sélection, non exclusifs, ont été suggérés comme importants dans le maintien du polymorphisme du CMH. Premièrement, la sélection de type fréquence-dépendante propose que les génotypes rares auraient un fort avantage sélectif (Takahata & Nei, 1990). En effet, l'apparition d'un nouvel allèle peut permettre une plus grande protection contre les parasites que les allèles communs pour lesquels les parasites ont déjà développé une résistance. Deuxièmement, un grand nombre de recherches sur le CMH suggère que les individus hétérozygotes seraient favorisés car, de part leur plus grand nombre d'allèles, ils seraient capables de reconnaître un plus large spectre de pathogènes que les individus homozygotes (Doherty & Zingernagel, 1975). Enfin, la sélection, pouvant varier dans le temps et l'espace, pourrait expliquer le maintien de la diversité du CMH (Hedrick *et al.*, 1987), avec des allèles spécifiques pouvant conférer une résistance à un parasite dans un endroit et un temps donné.

Des exemples connus d'associations entre un allèle CMH de classe I et la résistance à une maladie infectieuse, sont ceux de la malaria chez l'Homme. Chez un grand nombre d'individus en Gambie, Hill *et al.* (1991) ont démontré qu'un allèle de classe I *Bw53* conférait une résistance à la malaria. Cet allèle *Bw53* est 55% plus important parmi les individus non infectés que chez les enfants infectés par *Plasmodium falciparum*. De plus, alors que cet allèle est quasiment absent des populations nord européennes (populations n'ayant pas connu d'infection à la malaria par le passé), près de 40% des individus au Nigeria sont porteur de l'allèle. Il est alors intéressant de constater qu'en Afrique de l'Est, au Kenya, une autre association a été trouvée, cette fois-ci entre l'allèle HLA-BRB1*0101 et la malaria. Se basant sur ces résultats, il a été suggéré que l'adaptation au niveau du CMH puisse différer selon les régions car les parasites ou souches de parasites pouvaient être différenciés géographiquement.

De nombreux exemples d'association de ce genre ont été trouvés et démontrés chez les hommes et chez les animaux modèles en laboratoire. Depuis une dizaine d'années, un certain nombre d'études ont aussi démontré l'existence

28

de relation entre présence d'un allèle et résistance à des pathogènes chez des espèces sauvages, et ceci dans différents taxons (mammifères, oiseaux, reptiles, poissons). Si beaucoup d'études ont montré une association entre la présence d'un allèle et une augmentation de la probabilité de ne pas être infecté par un parasite, un certain nombre d'études ont démontré l'existence d'allèles associés à une augmentation de la probabilité d'être infecté. Un exemple qui a été bien étudié est le cas de deux allèles de classe I du HLA chez l'Homme qui sont constamment en association avec un rapide développement du HIV-1 (Carrington *et al.*, 1999; Hendel *et al.*, 1999). La persistance de ces allèles de susceptibilité pose un dilemme dans le sens où les coûts associés au fait de les porter devraient les éliminer de la population. Cependant, si les allèles ont un effet antagoniste sur la valeur sélective, ils peuvent être maintenus dans une population. Un cas bien connu de gène antagoniste, pour illustrer ce mécanisme, est celui de l'expression de l'enzyme glucose 6-phosphate déshydrogénase (G6PD), qui assure, via la production de NADPH, la stabilité de la structure de la catalase permettant à la cellule de se défendre contre tout stress oxydant. Il existe différents variants de la G6PD en fonction de son activité. Aussi, il a été montré que le déficit en G6PD peut assurer un certain degré de protection contre la malaria, car les cellules, montrant des mécanismes de défense défaillants, donc plus riches en composés oxydants, sont peu favorables au développement du parasite (Tishkoff & Verrelli, 2004). Les seuls cas d'allèles du CMH montrant des effets antagonistes ont été rapportés chez des souches de souris de laboratoire, avec un allèle conférant une résistance à différents parasites (*Toxoplasma gondii*, *Trichuris muris*, *Streptococcus pyogenes*, *Heligmosomoides polygyrus*) mais montrant une susceptibilité à d'autres pathogènes (*Borrelia burgdorferi* et *Leishmania donovani*) (Apanius *et al.*, 1997).

c) Comment détecter les effets de la sélection sur les gènes du CMH ?

Comprendre comment la sélection naturelle induit l'adaptation locale en interaction avec la migration, la dérive génétique et la mutation, est un but central en biologie évolutive. Bien que des limitations pratiques nous restreignent parfois dans la possibilité d'étudier ces processus au niveau génomique, les gènes du CMH montrent tout de même certaines caractéristiques qui font de ce complexe de gènes un candidat unique pour comprendre les processus sélectifs.

Une méthode communément utilisée pour tester si les profils de diversité allélique intra-population reflètent ou non le résultat de la sélection balancée, est le test de neutralité de Ewens-Watterson (Ewens, 1972 ; Watterson, 1978). Cette méthode est basée sur le principe théorique que si la sélection apporte une valeur sélective plus grande aux allèles rares ou un avantage aux hétérozygotes, alors la distribution des fréquences alléliques du CMH devrait être plus homogène que celle des marqueurs neutres. Les effets de la sélection balancée peuvent alors être détectés en comparant la distribution des fréquences alléliques observée avec celle attendue sous un modèle neutre.

Cette hypothèse montrant que les gènes du CMH sont sous les effets d'une sélection balancée a déjà été bien démontrée (Madsen & Ujvari, 2006 ; vanOosterhout *et al.*, 2006 ; Charbonnel & Pemberton, 2005 ; Paterson 1998). De plus, certaines études ont révélé que les effets de la sélection balancée pouvaient varier entre populations. Ainsi, une étude réalisée sur 31 populations de saumon (*Oncorhynchus nerka* ; Miller *et al.*, 2001) a montré que 13 de ces 31 populations possédaient une homozygotie réduite et que deux autres présentaient une sélection directionnelle. Il semblerait donc qu'à la fois l'intensité et la nature de la sélection peuvent varier entre populations et selon l'environnement.

d) Rôle de l'habitat

Autres que les facteurs biotiques, tels que l'âge de l'hôte, le sexe, le génotype ou la densité dans une population, les facteurs abiotiques, tels que le climat et/ou l'habitat, peuvent influencer la transmission des parasites et donc leur prévalence. La compréhension de l'influence de l'habitat sur les interactions hôte-parasite en populations naturelles est cruciale dans le contexte des changements globaux et des modifications de la structure des habitats (par exemple l'augmentation de la fragmentation). Il paraît intuitif que les populations de parasites, en termes d'intensité et de diversité, diffèrent selon les habitats car ceux-ci imposent des pressions de sélection différentes. En effet, Miller *et al.* (2001) ont pu montrer que la sélection agissait différemment sur les populations en fonction des effets environnementaux et que la structure géographique entraînait des adaptations locales aux différents environnements. Les différences de la composition allélique des gènes du CMH entre populations résulteraient alors de la sélection par les parasites qui diffère entre les habitats. Aussi, dans une population de mésange bleue (*Cyanistes caeruleus*), des estimations de prévalence, allant de 60% à moins de 10%, ont démontré à une fine échelle que l'hétérogénéité environnementale devait être considérée dans les études sur les interactions hôte-parasite (Wood *et al.*, 2007). Pour un individu donné, la probabilité d'être infecté peut dépendre de différents facteurs tels que le site de naissance, le degré de dispersion, ou le choix du site de reproduction. Dans notre cas, les treize populations suivies se situent dans des habitats divers, avec des milieux pleinement urbains, péri-urbains ou ruraux. Dans les populations rurales, nous pouvons distinguer des sous-catégories avec des différences d'occupation du sol (grandes cultures, prairies, forêts). Ces différences d'habitat devraient entraîner des différences de prévalence des parasites sanguins, ne serait-ce que par l'abondance des vecteurs. En effet, l'abondance du vecteur serait fortement lié à la distance à une source d'eau douce (Wood *et al.*, 2007). L'augmentation du risque de malaria chez l'Homme serait reliée également à la proximité d'eau, c'est-à-dire aux sites de reproduction supposés des moustiques (van der Hoeak *et al.*, 2003 ; Balls *et al.*, 2004 ; Omumbo *et al.*, 2005). Nous pouvons donc faire l'hypothèse que le milieu urbain paraît moins favorable pour le vecteur comparé au milieu rural où la présence d'eau douce est souvent plus abondante et où la pollution est moindre. De plus, l'urbanisation grandissante, au Cameroun par exemple, a entraîné des changements dans la composition de la diversité des vecteurs de la malaria chez l'Homme (Antonio-Nkondjio *et al.*, 2005). Il a également été montré que la présence des moustiques diminuait à proximité des centres urbains (Coene, 1993 ; Warren *et al.*, 1999 ; Robert *et al.*, 2003). Clairement, l'hétérogénéité spatiale pourrait expliquer les différences dans les relations entre les parasites et leurs vecteurs. Plus d'études seraient nécessaires pour mieux connaître l'écologie des vecteurs, leurs cycles de vie et leurs comportements qui vont influer sur leur abondance, et en conséquence avoir des impacts différents sur leurs hôtes.

II.   Questions et prédictions

Dans un premier temps, nous avons comparé, entre nos 13 populations de moineau domestique, les profils de différenciation génétique des populations au niveau des gènes du CMH de classe I à ceux des marqueurs neutres afin de connaître le rôle relatif de la sélection par rapport aux forces évolutives neutres (Loiseau *et al.*, 2009).

Nous pouvons prédire que la différenciation génétique des marqueurs sélectionnés sera plus importante que celle des marqueurs neutres pour des populations éloignées géographiquement. En effet, la sélection devrait favoriser des allèles spécifiques à chaque population en raison de l'hétérogénéité spatiale des pressions de sélections. Inversement, pour des populations proches, les pressions de sélection devraient être plus similaires et entraîner en conséquence une différenciation génétique des marqueurs sélectionnés moins importante que celle des marqueurs neutres.

Dans un deuxième temps, nous avons estimé les prévalences et la diversité des parasites sanguins dans chacun des sites ainsi que la diversité génétique du CMH classe I. Nous avons d'abord testé si l'habitat avait un effet sur les prévalences des parasites. Puis nous avons regardé s'il existait des associations entre allèles du CMH et résistance ou susceptibilité aux parasites (Loiseau *et al.*, 2011). Dans notre système d'étude, pouvons-nous détecter l'effet de la sélection balancée et/ou de l'adaptation locale ?

Une variabilité des prévalences est attendue selon le type d'habitat. De même, la variabilité, dans le temps et l'espace, de la sélection exercée localement par les parasites sur leurs hôtes devrait conduire à des associations population-spécifique entre allèles et résistance aux parasites.

Enfin, nous avons tenté d'expliquer le maintien d'allèles de susceptibilité (Loiseau *et al.*, 2008c). En effet, ce maintien pose un problème évolutif puisque les coûts associés à la présence d'un allèle de ce genre devraient les éliminer de la population.

Nous pouvons prédire que ces allèles de susceptibilité peuvent être maintenus dans une population s'ils possèdent des effets antagonistes sur la valeur sélective des individus. La compétition entre parasites pourrait être également un des mécanismes expliquant ce maintien.

Encadré 3 – Détection des parasites sanguins par Polymerase Chain Reaction

La détection de parasites sanguins a été effectuée avec la technique de « Polymerase Chain Reaction » (PCR) mise au point pour détecter à la fois les genres *Plasmodium* et *Haemoproteus* (Waldenstrom *et al.*, 2004). Les produits d'amplification déposés sur gel d'agarose, montrant un bande amplifiée à la taille attendue (voir figure ci-dessous), ont été séquencés pour pouvoir déterminer la souche précise de parasite. La présence de double pics sur les séquences indique que l'individu est co-infecté, c'est-à-dire infecté par deux souches de parasites différentes.

Cependant, certaines limites de cette méthode ont été avancées par différentes études (Bensch *et al.*, 2007 ; Perez Tris & Bensch, 2005 ; Valkiunas *et al.*, 2006). En effet, elle pourrait manquer la détection de co-infection dans les cas où un des parasites serait quantitativement prédominant. Cela peut poser évidemment un problème dans l'analyse des données, car la prévalence d'un parasite pourrait être sous évaluée.

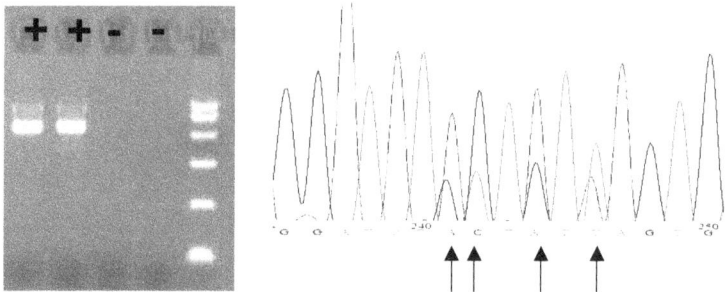

Exemple de gel d'agarose avec les deux premiers puits présentant des bandes amplifiées (individus infectés) et les deux puits suivants correspondant à des individus non infectés. Exemple à droite de séquence d'un individu co-infecté, déterminé par la présence de doubles pics sur l'électrophorégramme.

Encadré 4 – Génotypage CMH

Génotypage des gènes du CMH de classe I

La détection du polymorphisme au niveau des gènes du CMH a été effectuée selon la méthode du Denaturing Gradient Gel Electrophoresis. Nous avons utilisé le protocole décrit par Bonneaud *et al.*(2004), où la caractérisation des gènes de classe I et la mise au point du gradient dénaturant ont été effectuées chez le moineau domestique. Cette méthode utilise la séparation, sur un gel d'acrylamide avec un gradient dénaturant d'urée, des produits de PCR de tailles identiques ne différant que par leur composition nucléotidique (Myers *et al.*, 1987).

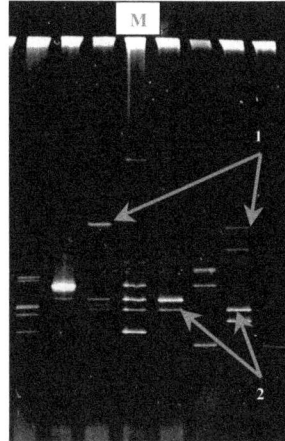

Exemple de gel avec M (marqueur moléculaire composé de plusieurs individus) et les différents puits avec un individu par puit, chaque bande représentant un allèle avec une composition nucléotidique différente.
Ex : 1: bande nommée *pado100*, 2: bande nommée *pado126*

Bien que cette méthode ait été utilisée pour typer à la fois des gènes de classe I et II chez plus d'une vingtaine d'espèces, comme toutes méthodes moléculaires mises en place chez des espèces non modèles, il existe des limites à prendre en compte (voir revue Knapp, 2005). Deux des problèmes majeurs pouvant intervenir avec la méthode du DGGE sont la formation d'hétéroduplexe et la co-migration de deux séquences. Deux séquences qui diffèrent par seulement quelques nucléotides, peuvent s'assembler et produire des hétéroduplexes. Quand ceux ci sont mis sur électrophorèse, ils se dénaturent souvent plus rapidement que les homoduplexes et donc peuvent être détectables sur gel mais peuvent devenir un problème s'ils présentent une même mobilité que les allèles authentiques. De même, deux homoduplexes peuvent aussi partager la même mobilité et co-migrer ensemble, posant une fois de plus un problème au niveau de l'interprétation du nombre d'allèle présent chez un individu. Dans ces deux cas, pour résoudre ces problèmes, la meilleure solution est alors d'extraire les bandes et de les séquencer, puis les cloner pour déterminer la composition précise des bandes DGGE, ce que nous avons effectué pour un certain nombre de bandes.

Cette méthode montre tout de même un bon potentiel pour le typage de locus MHC pour les espèces naturelles, car elle reste très répétable et moins coûteuse que le séquençage. Cependant, pour s'affranchir de tous problèmes techniques, le séquençage complet des différents exons du CMH reste la dernière solution, mais demande alors une mise en place de techniques lourdes avec des sondes radioactives. Pour l'instant, il semble difficile de lancer le génotypage complet de cette région chez des espèces non modèles, dans le cadre des études en milieu naturel. Ainsi, une technique comme le DGGE nous permet de répondre, de manière optimale, aux questions fondamentales de génétique des populations et des interactions hôte-parasite.

III. Sites d'études

Les treize sites d'étude sont répartis selon la carte ci-dessous (Figure 5), avec quatre sites en Ile de France, sept autres sites continentaux et deux sites insulaires. De tous ces sites ont été extraites les informations génétiques et parasitologiques, et parmi ces populations, sept ont pu être prises en compte pour les analyses de survie (Partie C).

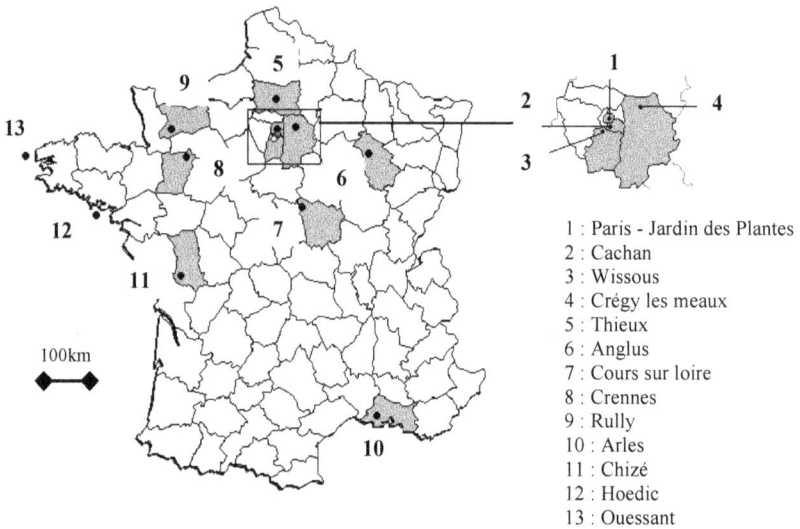

1 : Paris - Jardin des Plantes
2 : Cachan
3 : Wissous
4 : Crégy les meaux
5 : Thieux
6 : Anglus
7 : Cours sur loire
8 : Crennes
9 : Rully
10 : Arles
11 : Chizé
12 : Hoedic
13 : Ouessant

Figure 5. Répartition des sites d'études en France

La collecte des données par le réseau de bagueurs bénévoles du Muséum National d'Histoire Naturelle a débuté en avril 2004, à raison d'une capture par mois. Chaque oiseau a été bagué (une bague métal Muséum et baguage coloré individuel) et sexé en dehors de la période de mue. Enfin, une prise de sang était effectuée.

Chaque site diffère par son habitat et a été caractérisé grâce à la base de données mise en place par l'Institut Français de l'Environnement, le ''CORINE Land Cover'', qui repose sur une nomenclature hiérarchisée à 3 niveaux et 44 postes répartis selon 5 types d'occupation du territoire (Territoires artificialisés, Territoires agricoles, Forêts et Milieux semi-naturels, Zones humides et Surfaces en eau). Pour caractériser l'habitat, nous avons utilisé un périmètre de dix kilomètres autour du site de capture (Encadré 5).

Encadré 5 – Caractérisation de l'habitat

<u>Caractérisation de l'occupation du sol</u>

La base de données géographiques CORINE Land Cover, produite dans le cadre du programme européen CORINE, de coordination de l'information sur l'environnement, a été utilisée pour caractériser l'habitat des différents sites d'études. La base de données CORINE Land Cover 2000, dite CLC 2000, a été réalisée à partir d'images satellitaires de l'année 2000. La surface de la plus petite unité cartographiée (seuil de description) est de 25 hectares. La nomenclature de CORINE Land Cover est une nomenclature hiérarchisée en 3 niveaux qui permet de couvrir l'ensemble du territoire. Elle comprend 5 postes au niveau 1, 15 au niveau 2 et 44 au niveau 3. Le premier niveau (5 postes) correspond aux grandes catégories d'occupation du sol repérables à l'échelle de la planète, le second niveau (15 postes) est utilisable pour les échelles de 1/500000 et 1/1 000000 et le troisième niveau (44 postes) est utilisé au 1/100000. Les classes d'habitats ont parfois été regroupées pour être pertinentes à l'échelle du moineau domestique. Neuf catégories ont été déterminées pour caractériser l'occupation du sol dans un rayon de 10km autour du site de capture. Cette distance a été volontairement déterminée, en fonction de la biologie de l'espèce et de sa capacité à disperser.

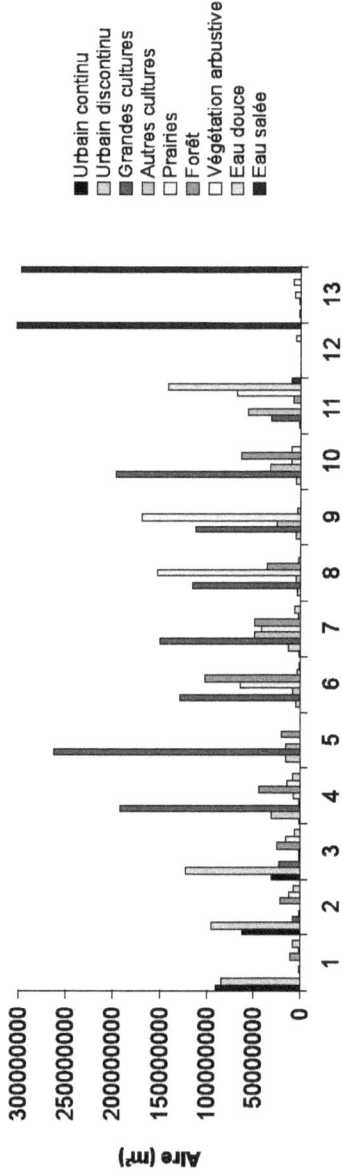

Caractérisation de l'occupation du sol pour chaque population dans les dix kilomètres autour du site de capture (surface en m²).

IV.   Résultats et discussion

Nous avons pu mettre en évidence de manière corrélative que la sélection, variant dans l'espace, pouvait s'exercer sur les gènes du CMH (Loiseau *et al.*, 2009). Tout d'abord, nous avons montré, sur plusieurs sites, que la sélection balancée pouvait maintenir un polymorphisme à l'intérieur d'une population. Par ailleurs, la différenciation génétique observée pour les gènes du CMH ainsi que celle des marqueurs neutres sont corrélées à la distance géographique. De manière intéressante, la comparaison de la différenciation génétique entre les gènes du CMH et les marqueurs microsatellites révèle des différences de profils. Certaines populations présentent pour le CMH une différenciation plus faible, similaire ou plus forte que celle des marqueurs neutres. Comme prédit, les populations proches géographiquement présentent une différenciation génétique plus faible pour le CMH que pour les marqueurs neutres. De plus, pour la moitié des paires de populations, la différenciation se révèle être plus forte pour les gènes du CMH que pour les marqueurs microsatellites lorsque les populations sont distantes. Sous l'hypothèse de la sélection variant dans l'espace, ces résultats suggèrent ainsi l'adaptation locale des parasites.

Aussi, notre étude (Loiseau *et al.*, 2011) nous a permis de mettre en évidence que les associations entre allèle du CMH et résistance et/ou susceptibilité ne concernaient pas toujours les mêmes allèles. Nous avons donc pu confirmer les résultats mis en avant dans de précédentes études (Bonneaud *et al.*, 2006). Mais cette fois-ci le grand nombre de populations nous a permis de dépasser l'éventuel problème statistique de comparaison entre deux populations.

Cependant, l'approche corrélative doit être vérifiée par une approche expérimentale. Les prochains objectifs seront de tester les effets d'infections expérimentales avec des parasites sympatriques et allopatriques. Pour le moment, des infections d'hôtes avec des parasites sympatriques résultent en une diminution du nombre de globules rouges qui démontre les coûts associés à l'infection (Guivier *et al.*, non publié). De plus, certains hôtes de génotype donné présentent une augmentation de la susceptibilité à l'infection.

Par ailleurs, dans une population, nous avons pu détecter les effets antagonistes d'un allèle CMH sur la prévalence de deux parasites différents (Loiseau *et al.*, 2008c). Cet effet a été démontré pour la première fois en population naturelle, alors que jusqu'à présent il n'avait été décrit que chez des souches de souris en laboratoire, et récemment dans un système plante-pathogène (Lorang *et al.*, 2007). La compétition entre parasites à l'intérieur de l'hôte est un des mécanismes proposés pour expliquer le maintien de ce type d'allèle. En effet, les parasites exploitant les mêmes ressources de l'hôte sont en interaction compétitive, contribuant à la régulation du nombre de co-infections. Si l'allèle confère une résistance quantitative envers une souche 'a' de parasite, et que celle-ci est en compétition avec une autre souche 'b', l'allèle de résistance permettrait de réduire la croissance du parasite 'a' et donc sa capacité à entrer en compétition, favorisant ainsi la multiplication et la persistance de la souche 'b'. Sans aucun doute, ces résultats devront être également confirmés par infection expérimentale.

V.   **Perspectives**

Comme décrit dans le cadre théorique de cette deuxième partie (Figure 4), plusieurs mécanismes ont été avancés pour expliquer le maintien de la diversité allélique du CMH tel que la résistance aux parasites ou le choix du partenaire. Aussi, un grand nombre d'études se sont attachées à comprendre le mécanisme du choix du partenaire, aussi bien chez les hommes (Roberts *et al.*, 2006 ; Roberts *et al.*, 2005 ; Santos *et al.*, 2005 ; Thornhill *et al.*, 2003 ; Milinski & Wedekind, 1995 ; Wedekind *et al.*, 1995) que chez d'autres espèces animales en milieu naturel (Bonneaud *et al.*, 2006 ; Richardson *et al.*, 2005 ; Ekblom *et al.*, 2004 ; Zelano & Edwards, 2002 ; Landry *et al.*, 2001 et voir revue Ziegler *et al.*,

2005). S'il existe un bénéfice à avoir un nombre optimal d'allèles CMH ou à détenir certains allèles CMH spécifiques, lié à la résistance aux pathogènes, la sélection devrait favoriser les individus qui transmettent un génotype avantageux à leur descendance. Ainsi, le choix du partenaire pourrait maintenir et contrôler la diversité du CMH de leurs descendants. L'évitement de partenaires trop similaires au niveau des gènes du CMH (Yamazaki *et al.*, 1988 ; Potts *et al.*, 1991, Freeman-Gallant *et al.*, 2003) ou la préférence pour des individus les plus diversifiés (Landry *et al.*, 2001) sont des mécanismes évoqués lors de la formation des couples. Les bénéfices seraient alors l'obtention de bons gènes pour la descendance (Hamilton & Zuk, 1982) et l'évitement de l'accouplement consanguin (Brown & Eklund, 1994). Une étude chez l'Homme a montré que les femmes préféraient les hommes avec qui elles partageaient un nombre intermédiaire d'allèle CMH plutôt que des hommes dont les allèles CMH étaient soit identiques ou totalement différents des leurs (Jacob *et al.*, 2002).

De plus, une étude corrélative effectuée chez le moineau domestique a montré que les couples ne se formaient pas au hasard, mais étaient constitués de partenaires ayant un nombre similaire d'allèles, et que cette configuration non-aléatoire influençait la diversité des gènes de CMH de classe I des descendants (Bonneaud *et al.*, 2006).

Une étude expérimentale en volière, mise en place durant cette thèse, avait pour but de comprendre les mécanismes du choix du partenaire. Le dispositif permettait de proposer à une femelle de génotype connu (au niveau des gènes de CMH classe I) le choix entre trois partenaires ayant des allèles soit totalement identiques, soit différents ou alors intermédiaires. Plusieurs difficultés ont été rencontrées au cours de l'expérimentation mais cette approche devrait nous permettre de vérifier de manière expérimentale les résultats déjà trouvés en populations naturelles.

Enfin, de manière plus anecdotique, nous avons eu l'occasion d'étudier une population invasive de moineau domestique sur un front de colonisation en Amérique du Sud, plus précisément dans les Andes équatoriennes. Ainsi, nous avons pu génotyper une quarantaine d'individus pour les gènes de classe I du CMH et détecter les éventuelles infections par les parasites de la malaria aviaire. Des résultats très intéressants ont été obtenus, offrant des perspectives d'études.

Historiquement, le moineau domestique a été introduit au sud de l'Amérique du Sud à différents endroits, dont le sud du Chili (Summer-Smith, 1988). Cette population s'est alors étendue vers le nord, colonisant les milieux favorables entre l'Océan Pacifique et l'Amazonie. Les populations introduites auraient subi plusieurs goulots d'étranglement au cours de l'avancée de la colonisation. Les supposés goulots d'étranglement (lors de l'introduction puis au cours de l'expansion) expliquent probablement la faible variabilité génétique, que ce soit au niveau des gènes du CMH ou des six marqueurs neutres, comparée à celle déterminée dans les populations françaises. Par ailleurs, étonnamment, aucun des individus n'a été détecté positif aux parasites de la malaria aviaire. Différentes hypothèses peuvent alors être avancées. La première peut être due à la faible présence des vecteurs à des altitudes assez élevées (entre 2700m et 3000m) même si certains peuvent être présents jusqu'aux environs de 2000 mètres (Devi & Jauhari, 2004, 2007). Pour cela, nous devrons collecter des échantillons sur la côte pour savoir si le vecteur et le parasite sont bien présents à des altitudes moindres. De plus, l'échantillonnage de différentes espèces natives sur les mêmes sites en altitude, pourrait également nous permettre de valider ou non l'hypothèse de l'absence du parasite, ou alors de tester une deuxième hypothèse plus attrayante, à savoir si la découverte d'individus non parasités serait due à la non-adaptation locale des parasites à ces nouveaux hôtes arrivants.

L'Amérique du sud pourrait ainsi devenir un terrain de recherche propice à la compréhension de ces mécanismes car le moineau domestique a été également introduit au Brésil, avec un front de colonisation suivant la côte de l'Océan Atlantique vers la mer des caraïbes, et en Amérique du Nord, avec un front de colonisation vers l'Amérique centrale, atteignant le Panama. Différentes populations vont donc être amenées à se rencontrer dans le nord de l'Amérique du Sud avec différentes histoires de co-évolution selon les parasites rencontrés.

Une des perspectives intéressantes est alors de pouvoir évaluer la dynamique des populations de moineau, dans un contexte d'introduction dans lequel les hôtes ont eu une courte histoire de co-évolution avec les pathogènes, en débutant un suivi et marquage sur différents sites en Amérique du sud. Nous pourrions alors comparer ces résultats avec la dynamique des populations de moineau en Europe où les populations possèdent au contraire une longue histoire co-évolutive avec leurs parasites. En attendant de pouvoir suivre les populations de moineau domestique en Amérique du sud, nous nous sommes concentrés sur le suivi des populations françaises. Nous avons estimé les différents paramètres démographiques, telles que la survie des juvéniles et des adultes en France, qui font l'objet de la dernière partie de cette thèse.

C. Dynamique des populations : tendances des effectifs et effets environnementaux

I.   Cadre théorique

Le contrôle de l'impact des activités humaines sur la biodiversité est un des principaux défis actuels auxquels doit faire face la communauté scientifique internationale. Les modifications de l'environnement provoquées directement et/ou indirectement par l'Homme touchent l'ensemble de la biodiversité. Qu'il s'agisse de changements climatiques, destruction et modification des habitats, introduction d'espèces envahissantes, exploitation des ressources naturelles, les activités anthropiques sont, dans beaucoup de cas, associées à un déclin sensible des effectifs des populations animales et végétales. Les populations d'oiseaux ont fait l'objet d'une attention particulière du fait de la valeur patrimoniale que ces espèces représentent aux yeux de la société, légitimant ainsi leur rôle d'indicateurs biologiques. Des recensements effectués au cours des dernières décennies ont révélé l'impact des activités humaines sur les effectifs d'oiseaux vivant dans les milieux agricoles. En guise d'exemple, des recensements effectués en Angleterre par le British Trust for Ornithology (BTO) ont démontré que 116 espèces d'oiseaux associées aux milieux agricoles (20% de l'avifaune européenne) présentent des problèmes liés à leur conservation.

Aussi paradoxal qu'il puisse paraître, l'impact des activités anthropiques sur l'avifaune est manifeste même pour des espèces commensales de l'homme qui ont connu une longue histoire commune avec l'Homme. Tel est le cas du moineau domestique. En 2001, ce dernier s'est vu inscrire sur la liste rouge des espèces d'oiseaux menacées de Grande Bretagne : 30 ans de suivis et d'études concordent pour indiquer une disparition d'au moins 50% des moineaux britanniques, soit 10 millions d'individus manquants, diminution qui va en s'accélérant, notamment dans les grandes villes (à Londres : - 90% entre 1990 et

2000). Ce constat alarmant est confirmé dans d'autres grandes villes européennes par les suivis d'oiseaux communs en Allemagne, Pays-Bas et Belgique. En France, le moineau domestique encore abondant et largement répandu, présentait au début de notre étude des signes avant-coureurs de ce déclin annoncé : le suivi national STOC indiquait une diminution de 16% entre 1989 et 2001.

Malgré son abondance et la variété des milieux fréquentés, nous n'avons que de vagues hypothèses sur les mécanismes de déclin de cette espèce. Un des aspects particulièrement troublant vient du fait que ce déclin concerne à la fois les populations rurales et les populations urbaines. Une première hypothèse émise à ce sujet serait la diminution des sites de nidification, due aux nouvelles constructions et rénovations dans les villes mais aussi en milieu rural. Une deuxième hypothèse évoque la diminution de nourriture en milieu urbain due à la pollution qui régulerait l'abondance d'insectes, et en milieu rural due à la disponibilité en graines durant l'hiver qui serait plus rare suite à la modification des pratiques agricoles (Hole *et al.*, 2002). A l'heure actuelle, un réseau de suivi de populations de moineau domestique a été mis en place dans les parcs londoniens pour tester l'hypothèse de la diminution de la disponibilité en nourriture de manière expérimentale. Les premiers résultats ont montré un effet significatif de l'augmentation de nourriture sur la productivité mais aucun effet sur le recrutement l'année suivante (Ockendon *et al.*, données non publiées). D'autres hypothèses comme l'augmentation de la pollution (métaux lourds) ainsi que des raisons épidémiologiques ont été avancées.

II. <u>Questions et prédictions</u>

Nous nous sommes placés à deux échelles différentes pour évaluer les tendances démographiques actuelles du moineau domestique en France. Tout d'abord, nous avons utilisé les données du Suivi Temporel des Oiseaux

Communs avec points d'écoute de 2001 à 2006 (Chapitre III) pour avoir des estimations de variations inter-annuelles au niveau régional (voir Méthodes Chapitre III). Ensuite, les paramètres de survie mensuelle juvénile et adulte ont été estimés localement sur 7 sites pour lesquels nous avions les génotypes CMH, le statut parasitaire et les histoires de « CMR » depuis 2004. Nous nous sommes attachés à répondre aux questions suivantes :

Le moineau domestique est-il en déclin en France, et si oui, seulement dans certaines régions ou localement ? Comment les survies, adulte ou juvénile, varient-elles et laquelle présente le plus de variabilité selon les sites ? Selon les résultats des suivis effectués dans les autres pays européens, notre prédiction est que le moineau domestique pourrait être en déclin dans les villes, et notamment à Paris.

De plus, les tendances démographiques peuvent être la conséquence de différents facteurs sélectifs, tels que la diversité génétique au niveau des gènes du CMH, la prévalence en parasites sanguins et l'habitat. En effet, l'environnement urbain peut être source de stress liée à une diminution de l'abondance ou de la qualité de la nourriture pour les poussins, pouvant mener à une diminution du succès à l'envol. De même, les parasites peuvent être une source de stress importante pour les individus et entraîner, durant les phases de l'infection primaire, une ré-allocation de l'énergie pour le système immunitaire plutôt que dans l'effort de reproduction. Dans le manuscrit 8, ces deux sources de pressions de sélection que sont les pathogènes et l'habitat seront prises en compte pour expliquer les potentielles variations dans les paramètres démographiques.

Nous pouvons prédire que la prévalence des parasites devrait être liée négativement aux estimations de survie, reflétant ainsi l'impact négatif des parasites sur les individus. Par ailleurs, l'habitat étant une pression de sélection importante, il devrait également avoir un impact sur la survie. Le milieu urbain pourrait être moins favorable que le milieu rural de part la qualité et l'abondance des ressources. Toutefois, les populations en milieu rural pourraient être sujettes à des prévalences en parasites plus importantes, suivent l'hypothèse d'une plus grande abondance de vecteurs, ce qui impliquerait alors une diminution éventuelle de la survie dans ces populations.

III.   Suivi Temporel des Oiseaux Communs (STOC)

Le Centre de Recherche sur la Biologie des Populations d'Oiseaux a monté en 1989 un programme de Suivi Temporel d'Oiseaux Communs nicheurs en France par point d'écoute. A son début en 1989, les sites d'observation étaient choisis par les observateurs. En 2001, le protocole a été modifié en introduisant un tirage aléatoire du site d'observation ce qui permet une bonne représentativité de tous les habitats présents en France, des forêts naturelles aux zones agricoles ou d'urbanisation. Le protocole consiste à la réalisation en une matinée de 10 points d'écoute localisés dans un carré de 2×2 km. Chaque carré est tiré au sort dans un rayon de 10 km autour d'un lieu proposé par un observateur. Sur chaque point, l'observateur note pendant 5 min tous les oiseaux identifiés que ce soit par contacts sonores ou visuels. Ce relevé est réalisé deux fois par an en période de reproduction, avant et après le 8 mai. Le même observateur effectue chaque année les 10 points du même carré dans le même ordre. Ce sont 1 200 carrés qui sont désormais suivis par ce protocole sur toute la France.

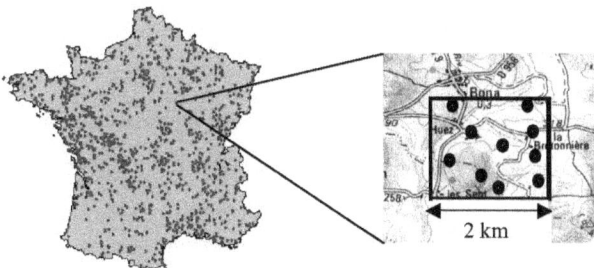

Détermination de zone de variations synchrones des populations.

Les données sont regroupées par régions administratives. Haute- et Basse-Normandie, Picardie et Nord-Pas-de-Calais, Alsace et Lorraine sont systématiquement regroupées faute d'un nombre de points suffisants. Aucune donnée n'est disponible pour la Corse. Nous disposons donc de 18 régions ou groupe de régions (Figure 6).

La première étape (Etape 1) est de déterminer s'il existe une interaction Année*Région sur l'ensemble du jeu de données. Si ce test n'est pas significatif ($P>0.1$), on déclare que les variations d'effectifs sont synchrones sur l'ensemble des régions. Sinon, l'objectif est de regrouper les régions contiguës pour lesquelles les variations inter-annuelles ne diffèrent pas ($P<0.05$). On commence par tester l'interaction Année*Région pour chaque paire de régions contiguës (Etape 2). On détermine ensuite les ensembles de régions pour lesquels aucun test n'est significatif ($P<0.05$). En cas de solutions multiples, on privilégie les regroupements de plus grande taille (Etape 3). Pour ces regroupements, on teste l'interaction Année*Région. Si pour un ensemble donné, ce test n'est pas significatif, on créée une seule entité pour cet ensemble de régions. Si ce test est significatif ou presque ($P<0.1$), on vérifie pour chacune des régions i périphériques de l'ensemble que le test Année*[groupe, région i] n'est pas significatif, où 'groupe' est l'ensemble des régions considérées sauf la région i regroupé dans une seule entité (Etape 4).

A l'issue de cette étape, on abouti à un ou plusieurs groupes de régions regroupées et à des régions isolées. On recommence alors les étapes 2 à 4 avec cette nouvelle classification. Pour les ensembles contigus dont les variations inter-annuelles sont significativement différentes, on teste pour chacune des régions administratives limitrophes si ces variations sont plus proches de l'un ou l'autre des 2 ensembles considérés avec des tests de type Etape 4.

Cette procédure doit aboutir à un regroupement des différentes régions françaises tel que chaque région se trouve dans un groupe avec lequel elle est plus synchrone qu'avec un autre ensemble limitrophe. Pour chacune des zones ainsi déterminées, on calcule la tendance (moyenne des variations inter-annuelles) sur la période considérée.

IV.   Résultats et discussion

Les données STOC montrent, qu'après un faible déclin entre 1989 et 2001, le moineau domestique ne présente pas de diminution des effectifs sur la période 2001-2006 au niveau national. On observerait même une tendance à la croissance dans plusieurs régions (Figure 6). Une des hypothèses pour expliquer ce résultat est que l'année particulière de 2003, correspondant à l'année de la forte canicule aurait été bénéfique pour cette espèce, comme pour beaucoup d'autres. En effet, l'augmentation de la température durant le printemps (1.9°C de mars à juin, comparé à la moyenne entre 1971-2000) aurait eu un impact positif sur la disponibilité en ressources en insectes notamment et en conséquence un impact positif sur la productivité en jeunes (Julliard *et al.*, 2004).

Si au niveau national les effectifs du moineau domestique sont principalement stables, nous avons constaté à un niveau local une importante variabilité des taux de survie, liés à différents facteurs environnementaux. En effet, au niveau local, les survies juvénile et adulte présentent une variabilité entre habitats. Il est intéressant de constater que le paramètre démographique qui varie le plus reste la survie juvénile. En effet, chez les passereaux, la mortalité juvénile est très forte et conditionne souvent la dynamique des populations.

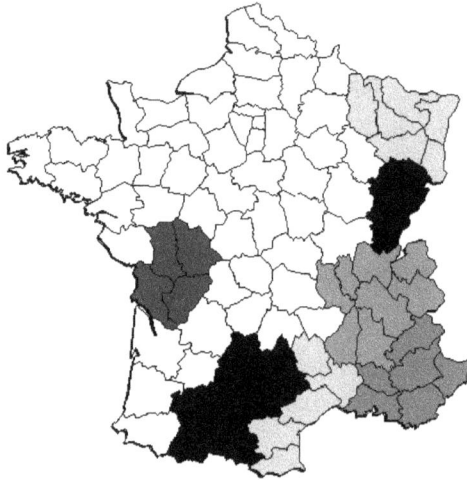

Figure 6.

Tendances 2001-2006 par région administrative (moyenne des variations inter-annuelles). Les régions regroupées de la même couleur présentent des tendances d'abondance synchrones.

En rouge : -5% ; en blanc, +2% ; en gris clair : +6%* ; en gris intermédiaire : +9%* et +11%* ; en noir : +12%*. (*) variation statistiquement différente de la stabilité (Méthodes en Encadré 6).

De plus, dans les sept populations étudiées, l'habitat et les prévalences parasitaires auraient un impact sur les survies juvéniles et adultes, qui seraient contraintes par des pressions de sélection différentes. D'abord, la survie juvénile est corrélée positivement à l'occupation du sol par les cultures, donc une meilleure survie en milieu rural. Une des hypothèses pourrait être que les milieux ruraux seraient plus propices au régime alimentaire insectivore des jeunes au nid, de part une pollution moindre et une abondance en insecte supérieure. Même si certains auteurs ont montré ces tendances (Scnhack 1991 ;

Swaileh & Sansur, 2006), cette interprétation reste intuitive et devra être vérifiée sur nos sites.

Si durant les 15 premiers jours au nid les jeunes sont soumis à des périodes de restrictions alimentaires ou des conditions environnementales difficiles en milieu urbain, nous pouvons alors revenir à la première partie de cette thèse et suggérer que les conditions de développement au nid conditionnent en partie la capacité à répondre au stress durant les premiers mois après l'envol, pouvant influer sur la probabilité de survie juvénile.

Quant à la survie adulte, elle est corrélée positivement à la présence de zones urbaines discontinues (zones où les bâtiments, la voirie et les surfaces artificielles recouvertes coexistent avec des surfaces végétalisées et du sol nu). Ce résultat suggère qu'un certain type d'habitat 'urbain' serait plus favorable aux individus adultes. Comme prédit, nous trouvons une corrélation négative significative entre la survie adulte et la prévalence. De plus, la prévalence est elle-même liée positivement aux zones agricoles hétérogènes et négativement aux zones urbaines discontinues. Une forte prévalence en parasites serait liée à un certain type d'habitat, probablement due aux pressions de sélection s'exerçant sur le vecteur, et influencerait ainsi la survie adulte.

V.   **Perspectives**

Pour la suite, mieux évaluer la qualité relative de chaque habitat sera nécessaire. Plusieurs autres variables sont en cours d'exploration, notamment le dosage de métaux lourds dans les plumes, comme le plomb et le cadmium. De plus, des prélèvements de plasma ont été effectués dans un site urbain et un site rural afin de tester et de mesurer les différences de taux de caroténoïdes des oiseaux. Cette mesure nous permettra d'avoir un indice de la qualité de la nourriture et du système anti-oxydant des individus selon leur habitat. Selon les résultats, une augmentation du nombre de sites sera nécessaire. D'autres types de biomarqueurs sont disponibles pour évaluer l'état de santé des populations, comme les marqueurs du stress oxydatif.

Enfin, le programme de suivi des populations de moineaux domestique en France ne s'arrête pas avec cette thèse, et un suivi à long terme est en cours afin de mieux appréhender les résultats préliminaires trouvés sur certains paramètres démographiques. Un point important à ne pas négliger par la suite dans l'estimation des paramètres démographiques au niveau local est la dispersion différentielle. En effet, les mouvements d'un organisme d'un lieu à un autre doivent être pris en compte dans les études de dynamique des populations. Différents facteurs peuvent entraîner la dispersion, tels les interactions inter et intra-spécifiques, la variabilité temporelle des conditions environnementales et l'évitement de la consanguinité. La dispersion apparaît comme un point central dans certains processus évolutifs, affectant aussi bien la dynamique des populations que la génétique des populations. C'est pourquoi, une analyse de la structuration des populations, à plus fine échelle que l'étude réalisée ici, pourrait montrer par exemple si certaines populations ne sont pas capables de se maintenir d'elles-mêmes, représentant alors des populations 'puits', tandis que d'autres peuvent agir en tant que population 'source'. Par exemple, Hole *et al.* (2002) ont montré l'existence d'une différenciation génétique significative entre quatre populations situées dans un périmètre de 25 kilomètres, représentant une échelle spatiale très faible pour des oiseaux. Cela montre entre autres, une forte tendance à la sédentarité du moineau domestique et/ou reflète une faible dispersion pouvant être du à la fragmentation de l'habitat. Enfin la distribution et l'abondance des parasites dans l'environnement peut également jouer sur la décision des hôtes à rester ou disperser vers un autre site et habitat (Boulinier et al., 2003). Aussi, la mise au point actuelle de marqueurs neutres pour les parasites de la malaria aviaire nous permettra de tester les liens entre la structuration génétique des populations de moineaux et de leurs parasites.

Conclusion générale

Pour conclure brièvement, durant ces trois années de thèse, nous avons pu de manière corrélative ou expérimentale étudier différents mécanismes évolutifs pour les replacer dans des contextes écologiques généraux. Différentes sources de stress environnementaux ont pu être étudiées, conduisant à des perspectives intéressantes sur la dynamique des populations en milieu naturel.

L'approche expérimentale sur l'écophysiologie de la réponse au stress nous a permis de discuter de la complexité du maintien des signaux honnêtes. Un des points important qui ressort des deux premiers manuscrits est l'importance des effets multiples de la corticostérone sur le signal de quémande, effets qui sont condition-dépendants. De plus, nos résultats sur l'ajustement de l'investissement parental en fonction de multiples traits nous ont replacés dans le contexte théorique général de la communication complexe entre parents et descendants. Enfin, l'étude de l'impact des conditions de développement, à court et long terme, sur la capacité des individus à répondre à un stress a ouvert des perspectives intéressantes de recherches complémentaires. Comprendre et tester l'importance de la part relative de l'environnement et des facteurs génétiques sur la réponse aux perturbations environnementales reste au cœur des études en écologie évolutive. Différentes sources de stress à grande échelle, tels les changements globaux, la fragmentation et la destruction des habitats, la surexploitation des terres et des océans, ont de plus en plus d'impact sur la biodiversité et la dynamique des populations, fragilisant notamment les espèces spécialistes d'une niche écologique restreinte. De futures études seront nécessaires pour évaluer les processus adaptatifs chez ces espèces et leurs capacités, aussi bien physiologiques que comportementales, à faire face à ces changements.

Par ailleurs, la particularité de cette thèse a été de mettre en place un suivi à grande échelle, sur un grand nombre de populations. Nos analyses nous ont permis de repérer l'importance de la variabilité génétique dans les interactions hôte-parasite, en prenant en compte à la fois la distance et la structure géographique. Ainsi, la détection du mécanisme d'adaptation locale, dans notre système d'étude, reste un résultat majeur de cette thèse. Enfin, la complémentarité des disciplines abordées a également permis de relier des paramètres environnementaux à la dynamique des populations. La mise en place de ce type d'étude à grande échelle reste donc cruciale pour appréhender les mécanismes évolutifs et les pressions de sélection qui s'exercent sur les variables démographiques des populations.

Références bibliographiques

Anderson RM, May RM. 1982. Coevolution of hosts and parasites. Parasitol. 85, 411-426.

Angelier F, Shaffer SA, Weimerskirch H, Trouve C, Chastel O. 2007. Corticosterone and foraging behavior in a pelagic seabird. Physiol. Bioch. Zool. 80, 283-292.

Alonso-Alvarez C, Bertrand S, Devevey G, Prost J, Faivre B, Chastel O, Sorci G. 2006. An experimental manipulation of life-history trajectories and resistance to oxidative stress. Evolution 60, 1913-1924.

Anisman H, Zaharia MD, Meaney MJ, Merali Z. 1998. Do early life events permanently alter behavioral and hormonal responses to stressors? Int. J. Devl. Neuroscience 16, 149–164.

Antonio-Nkondjio C, Simard F, Awono-Ambene P, Ngassam P, Toto JC, Tchuinkam T, Fontenille D. 2005. Malaria vectors and urbanization in the equatorial forest region of south Cameroon. Trans. R. Soc. Trop. Med. Hyg. 99, 347-354.

Apanius V. 1998. Stress and immune defense. In: Møller, A.P., Milinski, M., Slater, P.J.B. (Eds.), Stress and Behavior. Academic Press, San Diego, pp. 133-154.

Apanius V, Penn D, Slev PR, Ruff LR, Potts WK. 1997. The nature of selection on the major histocompatibility complex. Crit. Rev. Immuno. 17, 179-224.

Astheimer LB, Buttemer WA, Wingfield JC. 1992. Interactions of corticosterone with feeding, activity and metabolism in passerine birds. Ornis. Scand. 23, 355–365.

Balls MJ, Bodker R, Thomas CJ, Kisinza W, Msangeni HA, Lindsay SW. 2004. Effect of topography on the risk of malaria infection in the Usambara Mountains, Tanzania. Trans. R. Soc. Trop. Med. Hyg. 98, 400-408.

Barriga C, Marchena JM, Lea RW, Harvey S, Rodriguez AB. 2002. Effect of stress and dexamethasone treatment on circadian rhytms of melatonine and corticosterone in ring dove (*Streptopelia risoria*). Mol. Cell. Bioch. 232, 27-31.

Beaudoin RL, Applegate JE, Davis DE, McLean Robert G. 1971. A model for the ecology of avian malaria. J. Wildl. Dis. 7, 5–13.

Bensch S, Waldenstrom J, Jonzen N, Westerdahl H, Hansson B, Sejberg D, Hasselquist D. 2007. Temporal dynamics and diversity of avian malaria parasites in a single host species. J. Anim. Ecol. 76, 112-122.

Benus RF, Bohus B, Koolhaas JM, Van Oortmerssen GA. 1991. Heritable variation for aggression as a reflection of individual coping styles. Experientia 47, 1008–1019.

Blas J, Bortolotti GR, Tella JL, Baos R, Marchant TA. 2007. Stress response during development predicts fitness in a wild, long lived vertebrate. PNAS 104, 8880-8884.

Bonneaud C, Sorci G, Morin V, Westerdahl H, Zoorob R, Wittzell H. 2004. Diversity of Mhc class I and IIB genes in house sparrows (*Passer domesticus*). Immunogenetics 55, 855-865.

Bonneaud C, Chastel O, Federici P, Westerdahl H, Sorci G. 2006. Complex Mhc-based mate choice in a wild passerine. Proc. R Soc. Lond. B 273, 1111-1116.

Boulinier T, McCoy K, Sorci G. 2003. Dispersal and parasitism. In: Clobert J, Danchin E, Dhondt AA, Nichols LD. (Eds.), Dispersal. Oxford University Press, UK, pp. 169-179.

Boyce MS. 1988. Bet hedging in avian life histories. Acta Cong. Int. Ornithol. 19, 2131-2139.

Breuner CW, Orchinik M. 2001. Seasonal regulation of membrane and intracellular corticosteroid receptors in the house sparrow brain. J. Neuroendocrinol. 13, 412-420.

Breuner CW, Hahn T. 2003. Integrating stress physiology, environmental change, and behaviour in free-living sparrows. Horm. Behav. 43, 115-123.

Breuner CW, Greenberg AL, Wingfield JC. 1998. Noninvasive corticosterone treatment rapidly increases activity in Gambel's whitecrowned sparrows (*Zonotrichia leucophrys gambelii*). Gen. Comp. Endocrinol. 111, 386-394.

Brown JL, Eklund A. 1994. Kin recognition and the major histocompatibility complex – an integrative review. Am. Nat. 143, 435-461.

Carrington M, Nelson GW, Martin MP, Kissner T, Vlahov D, Goedert JJ, Kaslow R, Buchbinder S, Hoots K, O'Brien SJ. 1999. HLA and HIV-1: Heterozygote advantage and B*35-Cw*04 disadvantage. Science 283, 1748-1752.

Castanon H, Mormede P. 1994. Psychobiogenetics: adapted tools for the study of the coupling between behavioral and neuroendocrine traits of emotional reactivity. Psychoneuroendocrinology 19, 257–282.

Cavigelli SA, McClintock MK. 2003. Fear of novelty in infant rats predicts adult corticosterone dynamics and an early death. PNAS 100, 16131-16136.

Charbonnel N, Pemberton J. 2005. A long-term genetic survey of an ungulate population reveals balancing selection acting on MHC through spatial and temporal fluctuations in selection. Heredity 95, 377-388.

Chew BP, Park JS, 2004. Carotenoid Action on the Immune Response. J. Nutr. 134, 257S-261S.

Coene J. 1993. Malaria in urban and rural Kinshasa: the entomological input. Med. Vet. Entomol. 7, 127-37.

De Kloet ER, Oitzl MS, Joëls M. 1999. Stress and cognition: are corticosteroids good or bad guys? Trends Neurosci. 22, 422-426.

Devi NP, Jauhari RK. 2004. Altitudinal distribution of mosquitoes in mountainous area of Garhwal region: Part I. J. Vect. B. Diseases 41, 17-26.

Devi NP, Jauhari RK. 2007. Mosquito species associated within some western Himalayas phytogeographic zones in the Garhwal region of India. 10pp. J. Insect. Sc. 7, 32.

Doherty PC, Zinkernagel RM. 1975. Enhanced immunological surveillance in mice heterozygous at the H-2 gene complex. Nature 256, 50-52.

Ekblom R, Saether SA, Grahn M, Fiske P, Kalas JA, Hoglund J. 2004. Major histocompatibility complex variation and mate choice in a lekking bird, the great snipe (*Gallinago media*). Mol. Ecol. 13, 3821-3828.

Evans MR, Roberts ML, Buchanan KL, Goldsmith AR. 2006. Heritability of corticosterone response and changes in life history traits during selection in the zebra finch. J. Evol. Biol. 19, 343-352.

Ewens WJ. 1972 The sampling theory of selectively neutral alleles. Theor. Popul. Biol. 3, 87-112.

Ficken MS. 1965. Mouth colour of nestling passerines and its use in taxonomy. Wilson Bull. 77, 71-75.

Freeman-Gallant CR, Meguerdichian M, Wheelwright NT, Sollecito SV. 2003. Social pairing and female mating fidelity predicted by restriction fragment length polymorphism similarity at the major histocompatibility complex in a songbird. Mol. Ecol. 12, 3077-3083.

Gandon S, Van Zandt PA. 1998. Local adaptation and host-parasite interactions. Trends Ecol. Evol. 13, 214-216.

Greischar MA, Koskella B. 2007. A synthesis of experimental work on parasite local adaptation. Ecol. Lett. 10, 418-434.

Godfray HCJ. 1995. Evolutionary theory of parent-offspring conflict. Nature 376, 133-138.

Goodwin TW. 1986. Metabolism, nutrition, and function of carotenoids. Ann. Rev. Nutr. 6, 273-297.

Hamilton WD, Zuk M. 1982. Heritable true fitness and bright birds – a role for parasites. Science 218, 384-387.

Hedrick PW, Thomson G, Klitz W. 1987. Evolutionary genetics and HLA: another classic example. Biol. J. Linnean Soc. 31, 311–331.

Heeb P, Schwander T, Faoro S. 2003. Nestling detectability affects parental feeding preferences in a cavity-nesting bird. Anim. Behav. 66, 637-642.

Hendel H, Caillat-Zucman S, Lebuanec H, Carrington M, O'Brien S, Andrieu JM, Schachter F, Zagury D, Rappaport J, Winkler C, Nelson GW, Zagury JF. 1999. New class I and II HLA alleles strongly associated with opposite patterns of progression to AIDS. J. Immunol. 162, 6942-6946.

Hill AVS, Allsopp CEM, Kwiatkowski D, Anstey NM, Twumasi P, Rowe PA, Bennett S, Brewster D, McMichael AJ, Greenwood BM. 1991. Common west African Hla antigens are associated with protection from severe malaria. Nature 352, 595-600.

Hole DG, Whittingham MJ, Bradbury RB, Anderson GQA, Lee PLM, Wilson JD, Krebs JR. 2002. Widespread local house-sparrow extinctions. Nature 418, 931.

Hunt S, Kilner RM, Langmore NE, Bennett AT. 2003. Conspicuous, ultraviolet-rich mouth colours in begging chicks. Proc. R. Soc. Lond. B 270, S25-S28.

Jacob S, McClintock MK, Zelano B, Ober C. 2002. Paternally inherited HLA alleles are associated with women's choice of male odor. Nature Genetics 30, 175-179.

Jarvi SI, Schultz JJ, Atkinson CT. 2002. PCR diagnostics underestimate the prevalence of avian malaria (*Plasmodium relictum*) in experimentally-infected passerines. J. Parasitol. 88, 153–158.

Jarvi SI, Farias MEM, Baker H, Freifeld HB, Baker PE, Van Gelder E, Massey JG, Atkinson CT. 2003. Detection of avian malaria (*Plasmodium* spp.) in native land birds of American Samoa. Conserv. Genet. 4, 629–637.

Johnstone RA. 1995. Honest advertisement of multiple qualities using multiple signals. J. Theor. Biol. 177, 87-94.

Johnstone RA. 1996. Multiple displays in animal communication: 'backup signals' and 'multiple messages'. Phil. Trans. R. Soc. L. B. 351, 329-338.

Julliard R, Jiguet F, Couvet D. 2004. Evidence for the impact of global warming on the long-term population dynamics of common birds. Proc. R. Soc. Lond. B. 271, S490-492.

Kilner RM, Johnstone RA. 1997. Begging the question: are offspring solicitation behaviours signals of need? Trends Ecol. Evol., 12, 11-15.

Kilner RM, Davies NB. 1998. Nestling mouth colour: ecological correlates of a begging signal. Anim. Behav. 56, 705-712.

Kitaysky AS, Kitaiskaia EV, Piatt JF, Wingfield JC. 2003. Benefits and costs of increased levels of corticosterone in seabird chicks. Horm. Behav. 43, 140-149.

Klein J. 1986. Natural history of the major histocompatibility complex. John Wiley, New York.

Knapp LA. 2005. Denaturing gradient gel electrophoresis and its use in the detection of major histocompatibility complex polymorphism. Tiss. Antig. 65, 211-219.

Koch KA, Wingfield JC, Buntin JD. 2002. Glucocorticoids and parental hyperphagia in ring doves (*Streptopelia risoria*). Horm. Behav. 41, 9-21.

Koolhaas JM, Korte SM, De Boer SF, Van Der Vegt BJ, Van Reenen CG, Hopster H, De Jong IC, Ruis MAW, Blokhuis HJ. 1999. Coping styles in animals: current status in behavior and stress-physiology. Neurosc. Behav. Rev. 23, 925-935.

Landry C, Garant D, Duchesne P, Bernatchez L. 2001. 'Good genes as heterozygosity': the major histocompatibility complex and mate choice in Atlantic salmon (*Salmo salar*). Proc. R Soc. Lond. B 268, 1279-1285.

Lendvai AZ, Giraudeau M, Chastel O. 2007. Reproduction and modulation of the stress response: an experimental test in the house sparrow. Proc. R. Soc. Lond. B. 274, 391-397.

*Lendvai AZ, Loiseau C, Sorci G, Chastel O. 2009. Effects of early development on the stress response in house sparrows (*Passer domesticus*). Gen. Comp. Endocrinol. 160, 30-35.

Levins R. 1968. Evolution in changing environments. Princeton. University Press, Princeton.

Lin H, Decuypere E, Buyse J. 2004a. Oxidative stress induced by corticosterone administration in broiler chickens (*Gallus gallus domesticus*) - 1. Chronic exposure. Comp. Biochem. Physiol. 139, 737-744.

Lin H, Decuypere E, Buyse J. 2004b. Oxidative stress induced by corticosterone administration in broiler chickens (*Gallus gallus domesticus*) 2. Short-term effect. Comp. Biochem. Physiol. 139, 745-751.

Lin H, Sui SJ, Jiao HC, Jiang KJ, Zhao JP, Dong H. 2007. Effects of diet and stress mimicked by corticosterone administration on early postmortem muscle metabolism of broiler chickens. Poult. Sci. 86, 545-554.

Lindström J. 1999. Early development and fitness in birds and mammals. Trends Ecol. Evol. 14, 343-348.

*Loiseau C, Sorci G, Dano S and Chastel O. 2008a. Effects of experimental increase of corticosterone levels on begging behavior, immunity and parental provisioning rate in house sparrows. Gen. Comp. Endocrinol. 155, 101-108.

*Loiseau C, Fellous S, Haussy C, Chastel O, Sorci G. 2008b. Condition dependent effects of corticosterone on a carotenoid-based begging signal in house sparrows. Horm. Behav. 53, 266-273.

*Loiseau C, Zoorob R, Garnier S, Birard J, Federici P, Julliard R, Sorci G. 2008c. Antagonistic effects of a Mhc Class I allele on malaria infected house sparrows. Ecol. Lett. 11, 258-265.

*Loiseau C, Richard M, Garnier S, Chastel O, Julliard R, Zoorob R, Sorci G. 2009. Diversifying selection on MHC class I in the house sparrow (*Passer domesticus*). Mol. Ecol. 18, 1331-1340.

*Loiseau C, Zoorob R, Robert A, Chastel O, Julliard R, Sorci G. 2011. Plasmodium relictum infection and MHC diversity in the house sparrow (*Passer domesticus*). Proc. R. Soc. Lond. B 278, 1264-1272.

Lorang JM, Sweat TA, Wolpert TJ. 2007. Plant disease susceptibility conferred by a resistance" gene. PNAS 104, 14861-14866.

Lynn SE, Breuner CW, Wingfield JC. 2003. Short-term fasting affects locomotor activity, corticosterone, and corticosterone binding globulin in a migratory songbird. Horm. Behav. 43, 150-157.

Madsen T, Ujvari B. 2006. MHC class I variation associates with parasite resistance and longevity in tropical pythons. J. Evol. Biol. 19, 1973-1978.

Macnair MR, Parker GA. 1979. Models of parent-offspring conflict. III. Intrabrood conflict. Anim. Behav. 27, 1202-1209.

Meaney MJ, Mitchell JB, Aitken DH, Bhatnagar S, Bodnoff SR, Iny LJ, Sarrieau A. 1991. The effect of neonatal handling on the development of adrenocortical response to stress: implications for neuropathology and cognitive deficits in later life. Psychoneuroendocrinology 16, 85–103.

Meerlo P, Horvath KM, Nagy GM, Bohus B, Koolhaas JM. 1999. The influence of postnatal handling on adult neuroendocrine and behavioural stress reactivity. J. Neuroendocrinol. 11, 925-933.

Milinski M, Wedekind C. 2001. Evidence for MHC-correlated perfume preferences in humans. Behav. Ecol. 12, 140-149.

Miller KM, Kaukinen KH, Beacham TD, Withler RE. 2001. Geographic heterogeneity in natural selection on an MHC locus in sockeye salmon. Genetica 111, 237-257.

Myers RM, Maniatis T, Lerman LS. 1987. Detection and localization of single base changes by denaturant gradient gel electrophoresis. Meth. Enzymol. 155, 501-527.

Norris DO. 1997. Secretion and action of glucocorticoïds. In: *Vertebrate Endocrinology*, Academic Press, Boston, p. 308-311.

Omumbo JA, Hay SI, Snow RW, Tatem AJ, Rogers DJ. 2005. Modelling malaria risk in East Africa at high-spatial resolution. Trop. Med. Int. Health 10, 557-566.

Paterson S. 1998. Evidence for balancing selection at the major histocompatibility complex in a free-living ruminant. J. Heredity 89, 289-294.

Perez-Tris J, Bensch S. 2005. Diagnosing genetically diverse avian malarial infections using mixed-sequence analysis and TA-cloning. Parasitol. 131, 15-23.

Plotsky PM, Meaney MJ. 1993. Early, postnatal experience alters hypothalamic corticotropin-releasing factor (CRF) messenger-RNA, median-eminence CRF content and stress-induced release in adult-rats. Mol. Brain Res. 18, 195-200.

Potts WK, Manning CJ, Wakeland EK. 1991. Mating patterns in seminatural populations of mice influenced by MHC genotype. Nature 352, 619-621.

Price K, Harvey H, Ydenberg R. 1996. Begging tactics of nestling yellow-headed blackbirds, *Xantocephalus xantocephalus*, in relation to need. Anim. Behav. 51, 421-435.

Raberg L, Grahn M, Hasselquist D, Svensson E. 1998. On the adaptive significance of stress-induced immunosuppression. Proc. R. Soc. Lond. B 265, 1637-1641.

Remage-Healey L, Romero M. 2001. Corticosterone and insulin interact to regulate glucose and triglyceride levels during stress in a bird. Am. J. Physiol. Reg. Int. Comp. Physiol. 281, R994-R1003.

Richardson DS, Komdeur J, Burke T, von Schantz T. 2005. MHC-based patterns of social and extra-pair mate choice in the Seychelles warbler. Proc. R. Soc Lond. B. 272, 759-767.

Robert V, Macintyre K, Keating J, Trape JF, Duchemin JB, Warren M, Beier JC. 2003. Malaria transmission in urban sub-Saharan Africa. Am. J. Trop. Med. Hyg. 68, 169-76.

Roberts SC, Little AC, Gosling LM, Jones BC, Perrett DI, Carter V, Petrie M. 2005. MHC-assortative facial preferences in humans. Biol. Lett. 1, 400-403.

Roberts SC, Hale ML, Petrie M. 2006. Correlations between heterozygosity and measures of genetic similarity: implications for understanding mate choice. J. Evol. Biol. 19, 558-569.

Roberts ML, Buchanan KL, Hasselquist D, Evans M.R. 2007. Effects of testosterone and corticosterone on immunocompetence in the zebra finch. Horm. Behav. 51, 126-134.

Saino N, Ninni P, Calza S, Martinelli R, DeBernardi F, Møller AP. 2000. Better red than dead: carotenoid-based mouth coloration reveals infection in barn swallow nestlings. Proc. R. Soc. Lond. B 267, 57-61.

Santos PSC, Schinemann JA, Gabardo J, Bicalho MD. 2005. New evidence that the MHC influences odor perception in humans: a study with 58 Southern Brazilian students. Horm. Behav. 47, 384-388.

Sapolsky RM, Romero LM, Munck AU. 2000. How do glucocorticoids influence stress responses? Integrating permissive, suppressive, stimulatory, and preparative actions. Endocrinol. Rev. 21, 55-89.

Summers-Smith JD. 1988. *The sparrows*. T. & A.D. Pyser Ltd., Calton, 342 p.

Takahata N, Nei M. 1990. Allelic genealogy under overdominant and frequency-dependent selection and polymorphism of major histocompatibility complex loci. Genetics 124, 967-978.

Thornhill R, Gangestad SW, Miller R, Scheyd G, McCollough JK, Franklin M. 2003. Major histocompatibility complex genes, symmetry, and body scent attractiveness in men and women. Behav. Ecol. 14, 668-678.

Tishkoff SA, Verrelli BC. 2004. In: *Infectious Disease and Host-Pathogen Evolution*, (ed. Dronamraju, K.R.). Cambridge Univ. Press, UK, pp. 39-74.

Trivers RL. 1974. Parent-offspring conflict. Amer. Zool. 14, 249-264.

Valkiunas G. 2005. *Avian Malaria Parasites and Other Haemosporidia*. CRC Press, Boca Raton, Florida.

Valkiunas G, Bensch S, Iezhova TA, Krizanauskiene A, Hellgren O, Bolshakov CV. 2006. Nested cytochrome B polymerase chain reaction diagnostics underestimate mixed infections of avian blood haemosporidian parasites: Microscopy is still essential. J. Parasitol. 92, 418-422.

van der Hoek W, Konradsen F, Amerasinghe PH, Perera D, Piyaratne MK, Amerasinghe FP. 2003. Towards a risk map of malaria for Sri Lanka: the importance of house location relative to vector breeding sites. Int. J. Epidemiol. 32, 280-285.

van Oosterhout C, Joyce DA, Cummings SM, Blais J, Barson NJ, Ramnarine IW, Mohammed RS, Persad N, Cable J. 2006. Balancing selection, random genetic drift, and genetic variation at the major histocompatibility complex in two wild populations of guppies (*Poecilia reticulata*). Evolution 60, 2562-2574.

van Riper III C, Atkinson CT, Seed TM. 1994. Plasmodia of birds. In *Parasitic protozoa* (ed. J. P. Kreier), pp. 73–140. San Diego, CA: Academic Press.

Veenema AH, Meijer OC, de Kloet ER, Koolhaas JM. 2003. Genetic selection for coping style predicts stressor susceptibility. J. Neuroendocrinol. 15, 256-267.

Verhulst S, Holveck MJ, Riebel K. 2006. Long-term effects of manipulated natal brood size on metabolic rate in zebra finches. Biol. Lett. 2, 478-480.

Waldenstrom J, Bensch S, Hasselquist D, Ostman O. 2004. A new nested polymerase chain reaction method very efficient in detecting *Plasmodium* and *Haemoproteus* infections from avian blood. J. Parasitol. 90, 191-194.

Warren M, Billig P, Bendahmane DB, Wijeyaratne P. 1999. Malaria in urban and peri – urban areas in sub -Sahara Africa. http://www.ehproject.org *EHP activity report 71* 1999.

Watterson G. 1978. The homozygosity test of neutrality. Genetics 88, 405-417.

Wedekind C, Seebeck T, Bettens F, Paepke AJ. 1995. Mhc-dependent mate preferences in humans. Proc. R Soc. Lond. B. 260, 245-249.

Wingfield, J.C. 1994. Modulation of the adrenocortical response to stress in birds. In *Perspectives in comparative endocrinology* (ed. K.G. Davey, R.E. Peter, S.S. Tobe), pp. 520-528. Ottawa, Canada: National Research Council of Canada.

Wingfield JC, Breuner C, Jacobs J. 1997. Corticosterone and behavioral responses to unpredictable events. In: Perspectives in avian endocrinology. Bristol, UK: Journal of endocrinology; 267-278.

Wingfield JC, Silverin B. 1986. Effects of corticosterone on territorial behavior of free-living male Song sparrows *Melospiza melodia*. Horm. Behav. 20, 405-417.

Wingfield JC, Maney DL, Breuner CW, Jacobs JD, Lynn S, Ramenofsky M, Richardson RD. 1998. Ecological bases of hormone-behavior interactions: The "emergency life history stage". Am. Zool. 38, 191-206.

Wood MJ, Cosgrove CL, Wilkin TA, Knowles SCL, Day KP, Sheldon BC. 2007. Within-population variation in prevalence and lineage distribution of avian malaria in blue tits, Cyanistes caeruleus. Mol. Ecol. 16, 3263-3273.

Yamazaki K, Beauchamp GK, Bard J, Boyse EA. 1998. Discrimination of odor differences in MHC-deficient mice. Behav. Genetics 28, 486-486.

Zelano B, Edwards SV. 2002. An Mhc component to kin recognition and mate choice in birds: Predictions, progress, and prospects. Am. Nat. 160, S225-S237.

Zera AJ, Harshman LG. 2001. The physiology of life history trade-offs in animals. Ann. Rev. Ecol. Syst. 32, 95-126.

Ziegler A, Kentenich H, Uchanska-Ziegier B. 2005. Female choice and the MHC. Trends Immunol. 26, 496-502.

www.ingramcontent.com/pod-product-compliance
Lightning Source LLC
Chambersburg PA
CBHW021607210326
41599CB00010B/642